Alles über die Mercedes-Benz V-Klasse

Christof Vieweg

Technik transparent

Alles über die Mercedes-Benz V-Klasse

Eine Publikation des Mercedes-Benz Service, Stuttgart

1. Auflage 1996

Herausgeber:
Mercedes-Benz AG, Abteilung VSE/I, D-70322 Stuttgart
Projektleitung:
Dr. Alfred Neher, Hans Keppler

Konzept und Redaktion:
Christof Vieweg, CH-6918 Figino

Grafische Gestaltung und Produktion:
Grandpierre & Partner Design, D-65510 Idstein

Redaktionelle Mitarbeit:
Hans Schilder, Peter Weyer

Fotografie:
Markus Bolsinger;
Christoph Morlok, Eberhard Sauer, Michel deVries
Archiv Presseabteilung Pkw, Bavaria, Mauritius

Grafiken:
Mercedes-Benz AG, Abteilung VSE/IA

Druck:
Druckhaus Darmstadt GmbH, D-64295 Darmstadt

Buchbinderische Verarbeitung:
C. Finkentscher GmbH, D-64295 Darmstadt

ISBN 3-9804457-2-0
Mercedes-Benz-Bestellnummer 6516 0930 00

In dieser Buchreihe ist bisher erschienen:
Alles über die Mercedes-Benz E-Klasse (1995)
Alles über den Mercedes-Benz SLK (1996)

„Technik transparent“ ist auf chlorfrei gebleichtem Papier unter Verwendung mineralölfreier Farben gedruckt.

Stand per Redaktionsschluß am 30. Juli 1996

Inhalt

Raum zum Leben

V-Klasse – Ein Auto für alle Fälle

Raum für Vielseitigkeit: Ob Familienlimousine, Freizeitfahrzeug oder Geschäftswagen, die V-Klasse von Mercedes-Benz zeigt auf vielerlei Gebieten Profil.

***R**aum für Komfort: Mit der V-Klasse erlangt der Begriff Großraum-Limousine eine neue Bedeutung. Das Mercedes-Modell bietet Platz für sieben Passagiere plus Gepäck.*

S VK 122

Raum für Individualität: Diesen Wunsch erfüllen bei der V-Klasse drei eigenständige Design- und Ausstattungs-Lines. Ihre Namen lauten Trend, Fashion und Ambiente.

***R**aum für High-Tech: Luftfederung an der Hinterachse, Airbags für Fahrer und Beifahrer, elektronisches Traktionssystem und viele andere Technikdetails gehören zur Serienausstattung des Basismodells Trend.*

S VK 122

Der Trend ist eindeutig: Das Automobil entwickelt sich zum Freizeitpartner - immer mehr Menschen verbringen ihre Freizeit im und mit dem Auto. Ob bei Hobby, Sport oder Reise, für junge und junggebliebene Menschen ist das Auto bei der aktiven Lebensgestaltung längst unverzichtbar geworden. Immerhin: Bereits heute kommen auf einen Kilometer Arbeitsweg rund zwei Kilometer Freizeitfahrt. Nur noch jeder fünfte Bundesbürger nutzt seinen Wagen hauptsächlich für die Fahrt zur Arbeit - mehr als doppelt so viele sitzen aber in der Freizeit hinter dem Lenkrad. Und in den kommenden Jahren wird sich dieser Trend zur Freizeitmobilität noch weiter verstärken.

Tennis, Ski, Radfahren, Segeln, Surfen, Urlaubsreise oder Familienausflug - wer sportlich aktiv ist und das Leben genießt, braucht ein Automobil mit multifunktionalem Charakter. Geräumig, variabel und komfortabel muß es sein. Mehr noch: Modernes Styling, durchzugskräftige Motoren, perfekte Sicherheit und dynamisches Fahrverhalten werden ebenso gewünscht wie vorbildliche Wirtschaftlichkeit und Umweltverträglichkeit. Mit anderen Worten: Vielseitigkeit ist gefordert. Die V-Klasse von Mercedes-Benz bietet sie. Mit der Großraum-Limousine etabliert sich Mercedes-Benz in einem wachstumsstarken Marktsegment und setzt dort auf Anhieb neue Akzente. Denn mit der V-Klasse hat das Stuttgarter Automobilunternehmen diese Fahrzeugkategorie hinsichtlich Raumangebot, Variabilität und Sicherheit entscheidend weiterentwickelt, so daß die neue Modellreihe voll und ganz den Erwartungen jener Kunden entspricht, die den Begriff Großraum-Limousine auch wörtlich nehmen wollen. Die V-Klasse bietet tatsächlich Raum: Raum für die ganze Familie, Raum für allerlei Freizeitaktivitäten, Raum für Variabilität - kurzum: Raum zum Leben.

Insassensicherheit und Variabilität auf höchstem Niveau

Was das konkret bedeutet, zeigt ein Blick in das Fahrgastabteil der V-Klasse. Die große seitliche Schiebetür ermöglicht einen bequemen Einstieg in das 2,30 Meter lange, 1,62 Meter breite und 1,36 Meter hohe Erste-Klasse-Abteil, das serienmäßig mit vier komfortablen Einzelsitzen ausgestattet ist. Sie lassen sich in verschiedenen Positionen anordnen oder herausnehmen - ganz nach dem individuellen Sitzplatz- oder Gepäckraumbedarf. Einzigartig ist dabei die Vis-à-vis-Anordnung der Fondsitze, die in der Mercedes-Benz V-Klasse auch während der Fahrt möglich ist. Der Grund: Die Einzelsitze verfügen jeweils über ein Integral-Rückhaltesystem, das aus Dreipunkt-Automatikgurt und höheneinstellbarer Kopfstütze besteht. So bildet jeder Sitz eine eigenständige Einheit mit allen notwendigen Sicherheitsdetails und kann deshalb beliebig positioniert werden, ohne auf Gurtverankerungspunkte am Boden oder an den Dachsäulen Rücksicht nehmen zu müssen. Mehr noch: Die Einzelsitze im Fond der V-Klasse lassen sich mit

Farbvielfalt:
Das Interieur der Modellvariante Trend präsentiert sich je nach Wunsch in den Farben Aerograu oder Champignon. Für die Karosserie stehen vier Serienfarben zur Auswahl.

Schaltzentrale:
Die Multifunktionseinheiten im Fond beinhalten Becherhalter, Ascher, Zwölf-Volt-Steckdose sowie die Taster für die Bedienung der hinteren Ausstellfenster.

wenigen Handgriffen zusammenfalten und in eine platzsparende Transportstellung bringen. Dadurch vergrößert sich das Raumangebot fürs Gepäck oder für Sportgeräte, die im Inneren der Großraum-Limousine einen sicheren Platz finden (siehe auch Seite 113).

Drei Lines mit individuellem Charakter

Raum zum Leben. Dieser Anspruch, den die Mercedes-Designer und -Ingenieure bei der Entwicklung der V-Klasse stets vor Augen hatten, beinhaltet auch das Ziel Raum für Individualität. Die neue Modellreihe steht auch in diesem Punkt den Mercedes-Limousinen der C- und E-Klasse nicht nach. Denn: Auch in der V-Klasse verwirklicht Mercedes-Benz das richtungsweisende Lines-Konzept, das den Kunden vielerlei Möglichkeiten bietet, ihre persönlichen Autowünsche zu erfüllen. Bei der V-Klasse heißen die Lines Trend, Fashion und Ambiente. Hinter jedem dieser Namen verbirgt sich eine eigenständige Modellvariante mit ebenso eigenständigem Charakter. Damit entspricht Mercedes-Benz den Erwartungen der Kunden nach Individualität und Flexibilität bei der Gestaltung und Ausstattung ihres Wagens. Aber auch das Motorenprogramm sowie das umfangreiche Sortiment nützlicher Sonderausstattungen und Zubehörprodukte bieten vielerlei Möglichkeiten zur Individualisierung.

Trend heißt die Grundausstattung der V-Klasse. Sie enthält eine Vielzahl nützlicher Technik- und Komfortdetails, die Autofahrer in einer Großraum-Limousine erwarten. Sicherheit und Komfort auf Mercedes-Niveau: vom Fullsize-Airbag für Fahrer und Beifahrer über die Zentralverriegelung mit Fernbedienung bis zur Luftfederung an der Hinterachse.

Trend: Die Grundausstattung* der V-Klasse

- Abfallbehälter im Fondbereich
- ABS
- Airbags für Fahrer und Beifahrer
- Außenspiegel, elektrisch von innen einstellbar und beheizt
- Ausstellfenster im Fond, elektrisch betätigt
- Breitreifen 195/70 R 15
- Cassettenfach in der Mittelkonsole
- Drehzahlmesser
- Einzelsitze im Fond, vierfach mit integrierten Gurten und Kopfstützen
- ETS
- Fensterheber vorn, elektrisch betätigt
- Getränkehalter in der Mittelkonsole und im Fond
- Gurtstraffer für Fahrer und Beifahrer
- Halogenscheinwerfer
- Handschuhkasten, abschließbar
- Heckscheibenwischer
- Innenbeleuchtung im Fond, einzeln schaltbar
- Kindersicherung an der seitlichen Schiebetür
- Komfortschließanlage
- Lautsprecher-Vorrüstung
- Lordoseneinstellung in Fahrer- und Beifahrersitz
- Luftfederung an der Hinterachse
- Nebelscheinwerfer
- Nebelschlußleuchte
- Niveauregulierung, elektronisch
- Scheibenbremsen an der Vorder- und Hinterachse
- Schiebetür seitlich
- Servolenkung
- Sicherheitsglas, wärmedämmend
- Umluftschaltung
- Verbandskasten
- Verzurrösen für Ladegut
- Warmluftkanal zum Fondraum
- Wegfahrsperre mit Transpondertechnik
- Zentralverriegelung mit Funkfernbedienung

*Auszüge

Familienauto mit kindgerechter Ausstattung

Fashion heißt die familiengerechte Modellvariante der V-Klasse. Das zeigen originelle Ausstattungsdetails wie die Kleiderbügel an der hinteren Sitzreihe, der Regenschirm an der Innenseite der B-Säule oder der klappbare Tisch zwischen den Fondsitzen. Und damit es kleinen Mitfahrern unterwegs nicht langweilig wird, ist in der Fashion-Line der V-Klasse eine kleine kindgerechte Sammlung interessanter Unterhaltungsspiele an Bord.

Fashion: Serienausstattung* mit Klapptisch und Spielesammlung

- Klapptisch im Fond
- Kleiderbügel im Fond
- Regenschirm mit Halterung
- Spielesammlung
- Stauraum auf den hinteren Radkästen
- Uni-Lackierung in zwei Exklusivfarben
- Zierleisten an der Instrumententafel und der Seitenverkleidung

*Auszüge

Blickfang:
Farbige Dekorstreifen an Lenkrad, Instrumententafel und Schalthebelmanschette (rechts) betonen den jungen Charakter der Modellvariante Fashion.

Raum für Freunde und Familie: Die Modellvariante Fashion der V-Klasse ist der ideale Begleiter für Reise und Freizeit. Er bringt bis zu sieben Passagiere sicher und komfortabel ans Ziel.

S MA 2599

Topmodell mit Saloncharakter

Der Schriftzug Ambiente ziert die Topversion der Mercedes-Benz V-Klasse, mit der sich die Großraum-Limousine zum Salonwagen erster Klasse verwandelt. Ledersitze, Leichtmetallräder und Metallic-Lackierung gehören ebenso zur Serienausstattung wie die Kühlbox mit 12-Volt-Adapter und das abschließbare Wertfach unter dem Sitz, in dem sich Fotoapparat oder Videokamera diebstahlsicher unterbringen lassen.

Ambiente: Ausstattung* für komfortverwöhnte Autofahrer

- Außentemperaturanzeige
- Breitreifen 215/65 R 15
- Klapptisch im Fond
- Kühlbox (12 Volt), herausnehmbar
- Lederausstattung
- Lederlenkrad mit vier Speichen
- Leichtmetallräder
- Metallic-Lackierung
- Regenschirm mit Halterung
- Schalthebel und Schalthebelmanschette mit Lederbezug
- Stauraum auf den hinteren Radkästen
- Wertfach unter dem Fondsitz, abschließbar
- Zierleisten an der Instrumententafel und der Seitenverkleidung

*Auszüge

Wie bei allen Mercedes-Personenwagen sind die Design- und Ausstattungs-Lines auch bei der V-Klasse mit allen Motoren kombinierbar. Zur Markteinführung der Großraum-Limousine liefert Mercedes-Benz zwei Motorvarianten: den Typ V 230 mit dem 2,3-Liter-Benzinmotor (105 kW/143 PS) und den Typ V 230 TURBODIESEL mit dem 72 kW/98 PS starken Vierzylinder-Dieseltriebwerk. Voraussichtlich ab Herbst 1997 wird die Motorenpalette der V-Klasse durch einen Sechszylinder mit 2,8 Liter Hubraum ergänzt.

Reichhaltige Wunschausstattung ab Werk

Noch individuellere Autowünsche können sich Mercedes-Kunden beim Blick in die Liste der Sonderausstattungen für die V-Klasse erfüllen. Hier erscheinen nicht nur die charakteristischen Seriendetails der Lines Fashion und Ambiente, die größtenteils auch für das Modell Trend lieferbar sind, sondern auch eine Reihe zusätzlicher Extras – von der Gardine für die Seitenscheiben bis zur Zusatzheizung.

Erster-Klasse-Abteil:
Die Lederausstattung zählt zu den Besonderheiten der Modellvariante Ambiente. Zwei Farben stehen zur Auswahl – Aerograu und Champignon.

Arbeitsfläche:
Auch der Klapptisch zwischen den Fondsitzen ist im Modell Fashion serienmäßig mit von der Partie.

Raum für Luxus: Mit Leichtmetallfelgen, Breitreifen und Metallic-Lackierung macht die Modellversion Ambiente eine besonders gute Figur.

S VK 121

Wunschprogramm:
Nützliche Extras wie die Gardinen für die hinteren Seitenscheiben sind ab Werk lieferbar. Der CD-Wechsler (rechts) findet unter dem Beifahrersitz seinen Platz.

Sonderausstattungen*: Extras für die V-Klasse

- Absenkung oder Anhebung des Fahrzeughecks, elektrisch betätigt
- Anhängevorrichtung, abnehmbar
- Außentemperaturanzeige (Serie im Modell Ambiente)
- Ausstellfenster im Fond, mechanisch betätigt an der ersten Fondsitzreihe
- Automatikgetriebe mit vier Schaltstufen
- Beifahrersitz, drehbar
- Beifahrersitz, elektrisch einstellbar
- Breitreifen 215/65 R 15 (Serie beim Modell Ambiente)
- CD-Wechsler für sechs CDs
- Dachreling
- Einbruch- und Diebstahlwarnanlage
- Einzelsitz, zusätzlich für die erste Fondsitzreihe
- Fahrersitz, drehbar
- Fahrersitz, elektrisch einstellbar
- Feuerlöscher
- Gardinen für die Seitenscheiben im Fond
- Gepäckraumabdeckung
- Glas-Hebedach im Fond, mechanisch betätigt
- Glas-Hebedach oberhalb von Fahrer und Beifahrer, mechanisch betätigt
- Glas-Schiebedach im Fond, elektrisch betätigt
- Glas-Schiebedach oberhalb von Fahrer und Beifahrer, elektrisch betätigt
- Klimaanlage mit Restwärmeausnutzung
- Kühlbox (Serie im Modell Ambiente)
- Lederausstattung (nur für Trend, Serie im Modell Ambiente)
- Leichtmetallräder (Serie beim Modell Ambiente)
- Lenkrad in Höhe und Neigung einstellbar
- Mittelkonsole zwischen der zweiten Fondsitzreihe (anstelle des Tischs)
- Pollenfilter
- Scheinwerfer-Reinigungsanlage
- Schiebetür an der linken Seite
- Sitzheizung für Fahrer und Beifahrer
- Steckdose (12 Volt) im Kofferraum
- Stereo-Radio 5 000 oder 7 000 mit fünf Lautsprechern
- Tempomat
- Wertfach unter dem Fondsitz (Serie im Modell Ambiente)
- Zusatzheizung mit Zeitschaltuhr

*Auszüge

Kühlsystem:
Für die Erfrischung der Passagiere stehen vor allem zwei Extras zur Auswahl – die Kühlbox für den Fond der V-Klasse (links) und die Klimaanlage, die per Knopfdruck an der Mittelkonsole (oben) betätigt wird.

Zubehör für Sport und Freizeit

Für unternehmungslustige Freizeit-Aktivisten hat Mercedes-Benz ein interessantes Zubehörprogramm entwickelt und auf die neue Großraum-Limousine abgestimmt. Damit lassen sich Funktionalität und Variabilität der V-Klasse noch weiter steigern. Die Artikel sind bei allen Mercedes-Niederlassungen und -Vertragspartnern erhältlich. Im Mittelpunkt des Zubehörangebots stehen Trägersysteme, die den problemlosen Transport von Sportgeräten aller Art ermöglichen. So gibt es einen stabilen Fahrradhalter, der am Heck befestigt wird und bis zu drei Drahtesel aufnimmt. Die Hecktür läßt sich auch bei beladenem Fahrradhalter mühelos öffnen. Ebenso praktisch ist der neuentwickelte Innenraumträger für die V-Klasse, mit dessen Hilfe vier Fahrräder transportiert werden können. Vorher ist der Ausbau der dritten Sitzreihe notwendig. Die demontierten Vorderräder der Drahtesel lassen sich mittels einer Schnellverschlußmanschette sicher am Rahmen befestigen. Auch für den Dachtransport liefert Mercedes-Benz ein variables Trägersystem, das den speziellen Wünschen von Freizeitsportlern entspricht. Auf dem Basisträger lassen sich Spezialhalterungen für Fahrräder, Snowboards, Skier, Kanus oder Surfbretter montieren. Auf die gleiche Art und Weise wird auch ein großvolumiger Gepäckkorb auf dem Dach der V-Klasse befestigt.

Raum für Sportler: Spezielle Trägersysteme machen die Mitnahme von Fahrrädern, Surfboards oder anderen Sportgeräten zum Kinderspiel.

Starker Auftritt

Gutes Automobildesign ist keine Frage der Fahrzeugklasse. Die neue Großraum-Limousine von Mercedes-Benz beweist es: Form und Funktion in perfekter Harmonie.

Ideen:
Bereits die ersten Designer-Skizzen aus der Konzeptphase der V-Klasse ließen den besonderen Charakter der Großraum-Limousine erkennen, der auch durch die Gestaltung der Instrumententafel deutlich wird.

Zeichen setzen, das ist die Intention der Mercedes-Designer. Zeichen, die unverwechselbar und unverkennbar sind. Diese Aufgabe stand auch bei der Gestaltung der V-Klasse stets im Vordergrund. Es war eine überaus wichtige Aufgabe, denn der Markterfolg neuer Automobile hängt in immer stärkerem Maße von ihrer formalen Qualität ab. Das Design der Karosserie, die farbliche Komposition des Innenraums oder die perfekte ästhetische Gestaltung technischer Details wecken Emotionen und prägen auf diese Weise die Kaufentscheidung der Kunden. So stehen die Designer bei Beginn ihrer Arbeit stets vor der Aufgabe, in die Zukunft zu denken. Sie suchen heute nach den Formen, Proportionen und Farben, die morgen oder übermorgen dem stilistischen Zeitgeist entsprechen werden.

Das Mercedes-Design folgt jedoch keinen kurzlebigen Modetrends, sondern ist stets zeitlos. Es setzt nicht auf kurzzeitiges Erstaunen, sondern auf ästhetische Langzeitwirkung. So ist es nicht nur bei der neuen V-Klasse oder dem Roadster SLK, so wird es auch bei den zukünftigen Modellen der Stuttgarter Automarke sein, die gegenwärtig in den Designstudios Gestalt annehmen.

Erscheinungsbild mit unverwechselbaren Merkmalen

Die V-Klasse greift die typischen Designmerkmale der Marke Mercedes-Benz auf und fügt sich somit harmonisch in die stilistischen Grundregeln des Automobilunternehmens ein. Die markentypische Dynamik und Eleganz

Formensprache:
Aerodynamisch geformte Außenspiegel, große Glasflächen und die markanten Sicken im mittleren Bereich der Seitenpartie betonen die dynamische Linienführung der V-Klasse.

vereinen sich mit aktuellen Kundenerwartungen wie Individualität und Variabilität zu einer ausdrucksstarken Linienführung. Beispiele dafür sind die stark geneigte Frontscheibe, die weichen, fließenden Formen im Frontbereich, die schmalen, nach außen gewölbten A-Säulen und - nicht zuletzt - die Kühlermaske mit ihrer charakteristischen Einfassung, die einen weichen Übergang zur Motorhaube darstellt.

Mit solchen Stilelementen identifiziert sich die V-Klasse eindeutig als Personenwagen mit Stern und beweist zugleich, daß Mercedes-Design in jeder Fahrzeugkategorie eine gute Figur macht. An den Seitenpartien verfolgten die Designer das Ziel, die zwangsläufige Dominanz großer Karosserieflächen zu verringern und der Großraum-Limousine Dynamik zu verleihen. Dies gelang ihnen beispielsweise durch die markanten Sicken, die den Blick von den vorderen Türen bis zu den hinteren Radkästen lenken und auf

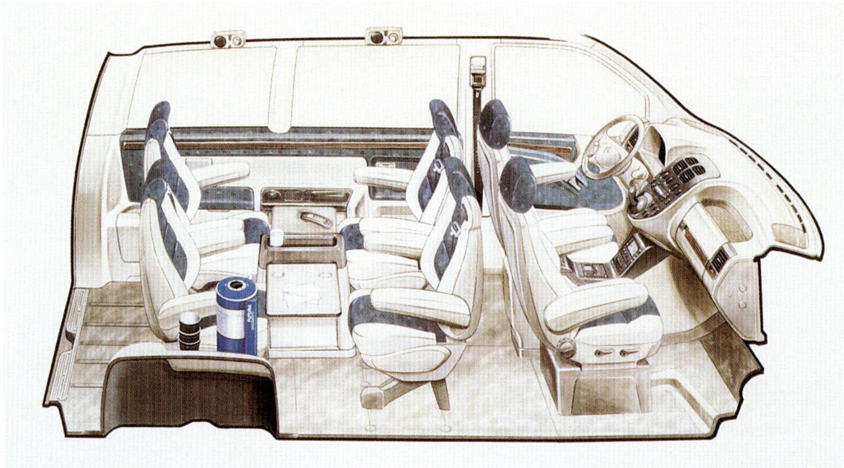

**Wohnraum:
Die Vis-à-vis-Anordnung der Fondsitze bot den Designern bei der Innenraumgestaltung neue Möglichkeiten.**

diese Weise die einzelnen Bereiche der Seitenwand optisch miteinander verbinden. Die von vorn nach hinten ansteigende Sicke im mittleren Bereich streckt den Fahrzeugkörper und bringt somit noch mehr Dynamik ins Bild – Dynamik, die auch der lackierte Frontstoßfänger mit seinen sportlich wirkenden Kühlluftöffnungen vermittelt. Schließlich spielen auch die seitlichen Fensterflächen eine wichtige Rolle in der Linienführung der V-Klasse. Auch sie fassen die gesamte Seitenflanke zusammen und kaschieren mit ihren dunklen Umrandungen die B- und C-Säulen. Ebenso geschickt haben die Designer die Führung der seitlichen Schiebetür abgedeckt und in die Linienführung der hinteren Seitenwand integriert.

Im Heckbereich dominiert die rund 1,22 Meter breite Tür (Durchlademaß), deren Rahmen wenige Zentimeter in die Seitenflanken übergreifen und auf diese Weise als optische Bindeglieder zwischen Seite und Heck fungieren. Den gleichen Eindruck vermittelt die Heckscheibe. Sie ist bis ins Dach geführt und sorgt somit im oberen Bereich für einen weichen Übergang zum Dach der V-Klasse. Im unteren Teil ragt die Hecktür bis zum Stoßfänger, dessen niedrige Oberkante ein leichtes Be- und Entladen des Gepäckraums ermöglicht.

Innenraum mit freundlicher Atmosphäre

Im Innenraum setzt sich das attraktive, jugendliche Erscheinungsbild der V-Klasse fort. Die Sitzbezüge aus hochwertigem Velours oder Leder, die je nach Line und Ausstattungswunsch in den Farben Champignon oder Aerograu lieferbar sind, sorgen für eine freundliche Atmosphäre und laden zum Verweilen ein. Die weichen Velours-Teppichböden und die hellen stoffbespannten Seitenverkleidungen, deren Zierteile das Dessin der Sitzbezüge aufgreifen, verstärken das Gefühl von Behaglichkeit und Wohnlichkeit.

Technik-Info Mercedes-Design: Formen mit Langzeitqualität

Was zeichnet mercedestypisches Design aus? Welche stilistischen Grundsätze verfolgt Mercedes-Benz bei der Konzeption seiner Modelle? Diese Fragen lassen sich am besten anhand von konkreten Beispielen aus dem aktuellen Mercedes-Modellprogramm beantworten.

Ob Freizeitautomobil, Großraum-Limousine oder Roadster, für alle Automobile mit dem Stern gelten bei der Designkonzeption die gleichen Grundsätze. Tradition und Innovation vereinen sich zu einem harmonischen Gesamtbild: Neue wegweisende Stilelemente gehen mit markentypischen Gestaltungsmerkmalen eine Symbiose ein und machen jedes Modell unverwechselbar zum Mercedes-Benz. Trotzdem: Jeder Mercedes-Benz ist ein klar abgegrenztes Modell mit eigenständigem Charakter und weist eine Vielzahl von Designelementen auf, die seinen optischen Auftritt prägen. Dazu zählen beispielsweise die Gestaltung der Leuchten, die Lufteinlässe, das Design von Hauben, Kotflügeln, Türen oder Glasflächen. Und natürlich paßt sich deren Styling im Laufe der Zeit formalen Trends an. Trotzdem zeigen alle Mercedes-Personenwagen vertraute, typische Elemente, die diese Autos unverwechselbar machen und ihre Markenzugehörigkeit betonen. Das zeigt sich beispielsweise am Kühlergrill, der zwar seit vielen Jahren die gleiche Grundform aufweist, aber immer wieder den unterschiedlichen Modellen und deren Charakter angepaßt wurde. Mercedes-Personenwagen tragen fast seit den Urzeiten des Automobils den in der Mitte leicht nach vorn gepfeilten klassischen Kühler mit der typischen Struktur. Auf dem Kühler thront der Stern. Nur bei den Roadster-Modellen, den Coupés und der neuen V-Klasse ist der Stern im Kühler integriert. Ein weiteres wichtiges Thema bei vielen Modellen von Mercedes-Benz ist der Übergang vom Kotflügel zur A-Säule. Er ist bei allen Modellen sehr harmonisch und setzt den Schwung des Kotflügels logisch ins Dach hinein fort.

S VK 121

Mitten im Leben

Unterwegs mit der V-Klasse

Die V-Klasse von Mercedes-Benz ist ein Auto-Thema mit vielen Variationen. Das Mercedes-Modell bewährt sich bei einer abwechslungsreichen Reise durchs Tessin ...

... im Alltagseinsatz einer vierköpfigen Großstadt-Familie aus dem Rheinland ...

... oder als Begleitwagen beim Freizeitsport in den Alpen.

Kontrastprogramm

Tessin – Das Vorzimmer des Südens

Dolce vita an den Seepromenaden, Bescheidenheit in den Bergtälern – das Tessin ist eine Gegend der Gegensätze. Fünf Freunde gehen mit der V-Klasse auf Entdeckungstour.

Die Welt hat sich verändert. Eben noch prasselte der Regen gegen die Windschutzscheibe, jetzt blendet das Licht. Weiches, intensives Licht. Blauer Himmel – Balsam für die Seelen sonnenhungriger Nordmenschen.

„Die Welt ist schöner geworden." Hermann Hesse war es, der diese Beobachtung schon 1918 machte, als er vom Sankt Gotthard in Richtung Süden reiste. „Beim Übergang über die Alpen fand ich mich jedesmal, wie vom Anhauch des wärmeren Klimas, den ersten Lauten der klangvollen Sprache, den ersten Rebenterrassen zart und mahnend berührt."

Treffpunkt:
Die Seepromenade von Ascona am Lago Maggiore war einst der Laufsteg für Stars und Sternchen.

So erleben es viele auch noch heute. Erstaunlich, wie schnell sich alles verändert, wenn man das Alpenmassiv hinter sich gelassen hat und in Richtung Süden vorrückt. Der Gotthard markiert die Grenze – nicht nur zwischen dem Klima, sondern auch zwischen den Kulturen. Südlich der Alpen ist vieles anders: die Sprache, die Lebensweise der Menschen, der Stil ihrer Häuser, die Vegetation und damit das gesamte Landschaftsbild. Und das Wetter – meistens jedenfalls.

Wir sind im Tessin, dem Vorzimmer des Südens, der Schweizer Sonnenstube. Yvonne, Conny, Michael, Robert und Peter, fünf Freunde aus Stuttgart, haben kurzerhand die Koffer gepackt und sind auf Südkurs gegangen: Stuttgart – Konstanz – Luzern – Bellinzona. Knapp fünf Stunden Autofahrt, die unterhaltsam waren. Denn in Peters neuem Auto, dem V 230 von Mercedes-Benz, kommt keine Langeweile auf. Dafür sorgt die Vis-à-vis-Sitzanordnung im Fond der Großraum-Limousine, wo sich vier Passagiere auch während der Fahrt in die Augen schauen und auf dem Klapptisch zwischen den Einzelsitzen gemeinsam Landkarten oder Reiseführer studieren können. „Sieh mal, der Lago Maggiore ist jetzt nur noch ein paar Kilometer entfernt", stellt Yvonne beim Blick auf die Karte fest, als die Großraum-Limousine an Bellinzona vorbeifährt.

Dolce vita unter Palmen

Ascona, Locarno, Lugano – mit diesen klangvollen Namen verbinden sich viele Assoziationen. Man denkt an die Zeit des Wirtschaftswunders, als Deutschlands High-Society dort ihre prachtvollen Ferienvillen baute. Man hört die Namen von Stars und Promis, die sich jenseits der Alpen niederließen. Man spricht vom Dolce vita am Swimmingpool, von Partys unter Palmen und von Nobelhotels an den Seeufern. Ascona am Lago Maggiore entspricht diesem Klischee am besten. Doch die Zeiten ändern sich. Die Seepromenade Piazza Motta ist zwar nach wie vor ein Laufsteg der Eitelkeiten, doch Promis lassen sich hier nur noch selten blicken. Die Karawane der Millionäre ist längst weitergezogen, die Stars und Sternchen der Lago-Maggiore-Society sind in die Jahre gekommen, und Ascona ist auf der Suche nach einem neuen Image.

Trotzdem: Das einstige Fischerdorf ist nach wie vor der Anziehungspunkt am Lago. Ein Spaziergang am Seeufer gehört irgendwie zum Tessinurlaub, und die Cappuccinopause in einem der Promenadencafés ist zweifellos ein guter Anfang, in das südliche Ambiente einzutauchen. Falsch wäre es jedoch, in dieser Postkartenidylle zu verharren und sich hier ein endgültiges Bild vom Tessin zu machen. Der Schweizer Südkanton hat zweifellos mehr zu bieten – er ist eine Region voller Kontraste.

Nur sechs Kilometer von Ascona entfernt sieht die Welt bereits ganz anders aus – kein Schickimicki, keine Nachtclubs, keine Nobelboutiquen. Statt dessen: Ruhe und Beschaulichkeit. Golino heißt eines der typischen Tessiner Dörfer, die sich abseits der großen Touristenströme ihre Ursprünglichkeit bewahrt haben. Es liegt an der Einfahrt zum Centovalli, einer herben Landschaft mit engen Tälern und wilden Flüssen. Eine schmale Straße führt zum Hauptplatz des Dorfes, wo unsere Stuttgarter Kurzurlauber das Hotel „Cà Vegia“ entdecken. Ein Geheimtip: Hinter den 400 Jahre alten Mauern des Patrizierhauses verbirgt sich ein gemütliches Hotel, das die Familie Fusetti stilvoll mit Antiquitäten aus der Umgebung eingerichtet hat (siehe Foto auf Seite 34/35).

Rastplatz:
Auf den Felsen im hochgelegenen Valle Bavona suchen Urlauber und Einheimische Abkühlung.

Bergwelt:
Corippo im Varzasca-Tal (oben) und Ritorto im Valle Bavona (Mitte) zählen zu den schönsten Dörfen in den Tälern der Tessiner Alpen.

Wildnis pur in den Bergtälern

Golino ist ein idealer Ausgangspunkt für Ausflüge in die urwüchsige Berglandschaft des Tessin. Das erste Ziel heißt Valle Verzasca. In das knapp 25 Kilometer lange Tal führt eine steile Straße. Im zweiten Gang umrundet Peter mit seinem V 230 die Kehren, und durch die geöffneten Schiebedächer merken die Passagiere an Bord der V-Klasse bald, daß es etwas kühler wird. Die enge Schlucht mit ihren schroffen Felswänden gibt der Sonne kaum eine Chance. Ebenso rauh und dunkel, wie das Seitental seine Besucher an diesem Morgen empfängt, ist es auch. Es gehört zweifellos zu den herben Seiten des Tessin – Wildnis pur. „Verzasca" ist eine sprachliche Ableitung aus den italienischen Begriffen „verde acqua", was übersetzt „grünes Wasser" heißt. Dieses „grüne Wasser" beherrscht das ganze Tal – es ist ein urgewaltiger Wildbach, der in Jahrtausenden ganze Felsformationen abgeschliffen hat. Die vom Wasser blankpolierten Steinskulpturen sind überall im Verzasca-Tal zu bewundern. Vor allem in Lavertezzo, dessen Doppelbogenbrücke „Ponte dei Saltri" eine der bekanntesten Touristenattraktionen ist. Wer auf der Steinbrücke steht, bekommt einen Eindruck von der Kraft des Wildwassers, das sich hier durch den Fels grub.

Vor Lavertezzo lohnt ein Abstecher in das Dorf Corippo, dessen Steinhäuschen wie Schwalbennester hoch oben in den Hang gebaut sind. „Rustici" nennen die Tessiner diese Einfachbehausungen, die heute aber eher Feriendomizil als Einheimischenwohnung sind. Rund 20 000 dieser Bruch-

Schauspiel:
Bei Foroglio im Valle Bavona stürzt das Wasser aus 80 Metern Höhe zu Tal.

steinhäuschen gibt es noch, mittlerweile stehen sie unter Denkmalschutz und dürfen nicht mehr willkürlich zum Ferienhaus umgebaut werden. Trotzdem: Wer heute durch die Gassen Corippos wandert, trifft dort kaum noch Tessiner. Sie haben das karge Tal längst verlassen und arbeiten in den Städten Locarno oder Bellinzona. Statt dessen kamen die Urlauber und Aussteiger aus dem Norden, die das Dorf sanierten und vor dem Zerfall bewahrten.

Gegen Mittag verlassen unsere Urlauber aus dem Schwabenland das Valle Verzasca, weil sie an diesem Tag gerne noch ein weiteres der Tessiner Täler besuchen wollen. Es verläuft fast parallel zum Valle Verzasca und ragt fast 50 Kilometer weit nach Norden. Sein Name: Valle Maggia. Das Klima ist hier weitaus milder als im Nachbartal, in einigen Orten wird sogar Wein angebaut. Ins Maggia-Tal flüchten die Stadtmenschen aus Ascona, Locarno oder Bellinzona im Hochsommer, um sich in den kühlen Fluten der Maggia abzukühlen und ein bißchen Landluft zu schnuppern. Die Urlauberclique folgt mit ihrer V-Klasse der Straße bis Bignasco und biegt dort nach links ins Valle Bavona ab, ein abgelegenes Seitental, wo das zweite Gesicht des Tessin besonders deutlich wird. Die saftigen Wiesen des urwüchsigen und einsamen Valle Bavona – vor allem am Fuße des 80 Meter hohen Wasserfalls von Foroglio – laden unsere Urlauber aus Stuttgart zur Mittagsrast ein. Michael öffnet die große Heckklappe der V-Klasse, holt den Picknickkorb hervor und sucht ein schönes Plätzchen, wo die fünf Weißbrot, Salami und Käse auspacken.

Ein paar Kilometer weiter, in San Carlo, enden alle Straßen. Wer noch weiter in die reizvolle Berglandschaft vordringen möchte, sollte die Wanderschuhe überziehen und einem der vielen Spazierwege folgen oder in die Seilbahn umsteigen, die in das Ski-/Wandergebiet Robiei auf rund 1 900 Meter Höhe führt.

Sprachinsel auf 1 500 Meter Höhe

Bei der Rückfahrt in die Zivilisation lohnt noch ein Abstecher ins Valle di Campo, in das man vor der Cevio abbiegt. Die Straße führt zum westlichsten Zipfel des Tessin – zur Ortschaft Bosco Gurin auf 1 500 Meter Höhe. Dieses Dorf ist aus vielerlei Gründen eine Reise wert: Es ist nicht nur der höchstgelegene, ständig bewohnte Ort des Tessin, sondern überdies auch eine kleine Sprachinsel. Denn hier wird ausnahmsweise nicht italienisch, sondern deutsch gesprochen. Das liegt an den Walsern, die im zwölften Jahrhundert von Westen her über die Berge kamen und das Dorf gründeten. Mehr über diese Historie erfahren Besucher in dem „Museum Walserhaus“, das von Frühjahr bis Herbst geöffnet ist. Ihr Brauchtum und ihre Sprache bewahren die Guriner noch heute und stehen damit nicht selten im Konflikt mit den Verwaltungsbehörden, die natürlich auf der Amtssprache Italienisch bestehen.

Doch zurück zu den Seen. Der Lago di Lugano steht am nächsten Tag auf dem Programm. Peter steuert die V-Klasse über die reizvolle Uferstraße in Richtung Morcote, einen der beliebtesten Orte im Tessin. Aus gutem Grund: Das einstige Fischerdorf mit den Patrizierhäusern an der Seepromenade und den engen, winkligen Gassen im Inneren des Ortes hat seinen ursprünglichen Charakter fast vollständig erhalten. Im Hochsommer herrscht hier allerdings Hochbetrieb, so daß die Parkplätze vor dem Ortseingang zur Mangelware werden. Doch jetzt, an einem frühen Junimorgen, präsentiert sich der Ort so, wie er sein sollte: ruhig und beschaulich.

Endpunkt:
Das Walserdorf Bosco Gurin ist der höchstgelegene Ort im Tessin. Hier spricht man deutsch.

Schmuckstück:
Mit seinen winkligen Gassen, den schmucken Patrizierhäusern und den Arkaden an der Promenade lockt das ehemalige Fischerdorf Morcote Besucher aus aller Welt an.

Einkaufsbummel unter den Arkaden

Michael, Peter und Robert bestellen sich in einem der Straßencafés Espresso, während Conny und Yvonne durch die Geschäfte unter den Arkaden schlendern. Das bleibt nicht ohne Folgen: „Die will ich haben“, tönt es plötzlich durch die Gasse. Im Antiquitätenladen von Constante Albisetti hat Yvonne eine Blumenvase entdeckt, die aufgrund ihrer stattlichen Übergröße sicher nicht zu den üblichen Reisemitbringseln gehört. Kein Problem für Peter und seine Mercedes-Benz V-Klasse: Weil sich die Einzelsitze im Fondabteil der Großraum-Limousine mit wenigen Handgriffen zusammenfalten lassen, paßt das buntbemalte Keramikmonstrum problemlos ins Auto.

Zu Morcote am Südzipfel des Luganer Sees gehört auch die höhergelegene Ortschaft Vico Morcote, von der man einen herrlichen Rundblick auf den See und die umliegenden Berge hat. Die Straße dorthin ist allerdings recht schmal und erfordert ein bißchen Geschick – vor allem, wenn plötzlich der Postbus entgegenkommt. Mit seinen 143 Pferdestärken unter der Motorhaube ist der V 230 für solche Bergtouren aber bestens ausgestattet – souverän zieht das 2,3-Liter-Triebwerk die Großraum-Limousine durch die Serpentinen, und dank leichtgängiger Servolenkung bleiben auch dem Fahrer größere Kraftanstrengungen erspart.

Mitbringsel:
Die große Blumenvase aus dem Antiquitätenladen läßt sich mit der V-Klasse problemlos abtransportieren.

Mittagsrast:
In der Osteria „Al Böcc“ serviert man typische Tessiner Gerichte.

Polenta als Beilage

Neben der Straße sehen die fünf einen kleinen Platz mit einer uralten Kastanie. Ein paar Tische und Sonnenschirme stehen davor. „Osteria Al Böcc“ heißt es auf der Markise an dem kleinen Gasthaus, dessen Besitzerin die Speisekarte auf zwei Schiefertafeln links und rechts neben dem Eingang geschrieben hat. Bei Gospa Vasiljevic dreht sich vieles um Polenta, jenen typischen leuchtendgelben Tessiner Maisgrieß, den es bei den Einheimischen früher aus Mangel an Fleisch gleich dreimal täglich gab – morgens, mittags und abends. Heutzutage dient die Polenta als Beilage zu Kaninchen, Wild oder „Brasato“, einem geschmorten Rinderbraten in Rotweinsauce. Ebenso empfehlenswert sind aber auch die „Tagliatelle con funghi porcini“, Bandnudeln mit frischen Steinpilzen, oder „Misto ticinese“, eine kalte Platte mit Käse, Salami, Mortadella und anderen hausgemachten Wurstspezialitäten. Dazu gibt es in jedem Fall „Merlot del Ticino“, den Rotwein aus der Gegend, den man stilgerecht serviert: im „Boccalino“, einer tönernen Henkeltasse.

Lokale wie das „Al Böcc“ sind eine Tessiner Besonderheit. Die Einheimischen nennen sie „Grotto“ – einfache Lokale mit ebenso einfacher, aber herzhafter Küche. Hier gibt es keine aufwendigen Speisekarten – hier wird gegessen, was auf dem Herd bruzzelt. Die Grotti waren ursprünglich Lagerstätte und Treffpunkt der Dorfgemeinschaften. In den dunklen, kühlen Kellern bewahrte man Wein und Käse auf, den man dann am Samstag oder Sonntag bei Musik und Tanz genoß. Diese Aufgabe haben die Lokale heute zwar nicht mehr, doch wer gut und preiswert essen möchte, ist dort nach wie vor bestens aufgehoben. Das wußte auch der Wahltessiner Hermann Hesse

Bergfahrt:
Der Weg zur „Alpe Vicania“ (unten) führt durch das malerische Dorf Vico Morcote (links) oberhalb des Luganer Sees.

zu schätzen: „Der nackte steinerne Tisch bei der steinernen Bank unterm Kirschlorbeer oder Buchsbaum, der Krug und die tönerne Schale voll Rotwein im Kastanienschatten, das Brot und der Ziegenkäse dazu – das alles ist zur Zeit des Horaz auch nicht anders gewesen als heute“, schrieb er 1954 in seinem „Dank ans Tessin“.

Übrigens: Bei der Suche nach den Grotti hilft heute ein spezieller Führer, den es zwischen Bellinzona und Lugano an jedem Kiosk gibt. Hier sind die Namen, Adressen und Spezialitäten von immerhin fast 170 Grotti aufgelistet. Das Buch ist ein wichtiger kulinarischer Wegweiser durchs Tessin, denn die besten landestypischen Gasthäuser liegen nicht an den Seepromenaden oder Hauptstraßen und haben freilich auch keine großformatigen Reklametafeln. Beispiel Alpe Vicania: Das Grotto versteckt sich in einer idyllischen Lage oberhalb von Vico Morcote und ist nur über eine Privatstraße zu erreichen, die rund einen halben Kilometer vor dem Lokal endet. Der Weg lohnt sich – nicht nur wegen des Ausblicks auf See und Berge.

Weinprobe unterhalb der Burg

In Vico Morcote treffen unsere Kurzurlauber Michele Conceprio, der ihnen das Tor zu einem anderen Idyll oberhalb des Luganer Sees öffnet. Der freundliche junge Mann ist Chefwinzer des Weinguts Tamborini, das in der Nähe des Dorfes den größten und ältesten Weinberg im Tessin besitzt. Terrassenförmig schlängeln sich die Rebstöcke rund um das Castello di Morcote, eine Burgruine, deren Ursprünge bis in die Römerzeit zurückreichen. Seit dem 16. Jahrhundert wird hier oben Wein angebaut. „Der Weinberg lag fast 20 Jahre lang brach und wurde dann 1989 von uns völlig neu strukturiert", erklärt Conceprio und lädt sie zur Weinprobe am Fuße der Burg ein. Auf rund sieben Hektar Rebfläche wachsen an dem sonnenverwöhnten Steilhang ausschließlich Merlot-Trauben, aus denen das Weingut den erstklassigen „Castello di Morcote" keltert. Noch ist dieser Rotwein eher ein Neuling unter den Tessiner Weinen, doch Kenner sagen ihm eine große Zukunft voraus. „1993 konnten wir die erste Ernte einbringen – 23 000 Flaschen haben wir abgefüllt und uns damit bewußt in der Menge beschränkt, um einen optimalen Reifegrad zu erzielen", erzählt der Winzer und bleibt den Beweis bei der ersten Kostprobe wahrlich nicht schuldig.

Der „Merlot del Ticino" wächst auf rund 900 Hektar und an etwa 2,6 Millionen Rebstöcken. Im Malcantone westlich von Lugano, rund um Morcote, südlich von Bellinzona und in Mendrisio nahe der italienischen Grenze sind die Hochburgen der Tessiner Weinbaukunst, deren Winzer jährlich etwa drei bis fünf Millionen Liter Wein produzieren. Doch obwohl der Merlot seit Jahren von Kennern stets bessere Noten bekommt und manchmal bereits zu den besten Rotweinen der Welt gezählt wird, ist er in Deutschland noch immer eine Rarität. Da hilft dann nur ein Einkauf an der Quelle – beispielsweise bei Vini Tamborini. Und weil die fünf Touristen in ihrem V 230 von Mercedes-Benz keine Platzprobleme haben, ordern sie bei Michele Conceprio gleich ein paar Kartons Rot- und Weißwein.

Weinprobe:
Yvonne und Winzer Michele Conceprio kosten den „Merlot del Ticino", der auch an den steilen Hängen rund um die Burgruine von Morcote (rechts) wächst.

Auf den Spuren von Hermann Hesse

Der Abschied von dem ruhigen Fleckchen Erde am Castello di Morcote fällt schwer. Ein letzter Blick hinunter auf den See, dann geht's weiter in Richtung Lugano. Montagnola heißt das letzte Ziel auf der Rundreise durchs Tessin. Durch das Dorf pilgern jährlich Tausende von Hesse-Fans, die dort jene berühmte Casa Camuzzi suchen, in der Hesse zwischen 1919 und 1931 lebte und arbeitete. Wer allerdings hofft, einen Blick in die Gemächer des Schriftstellers werfen zu können, wird enttäuscht. Das Mietshaus ist für Besucher verschlossen, und der Plan, dort ein Hesse-Museum einzurichten, platzte vor ein paar Jahren endgültig – aus Geldmangel.

Dafür kommen Kunst- und Kulturfans im nahgelegenen Lugano voll auf ihre Kosten. Die Stadt besitzt sechs sehenswerte Museen und über 20 private Kunstgalerien, die regelmäßig Gemälde, Grafiken und Skulpturen namhafter Künstler ausstellen – auch außerhalb der Feriensaison. Ebenso sehenswert ist der Ausflug ins Dorf Ponte Capriasca nördlich von Lugano. Hier verbirgt sich hinter den Mauern der Pfarrkirche San Ambrogio eine Kopie des weltberühmten Gemäldes „Das Abendmahl". Es stammt von einem Schüler Leonardo da Vincis, der das Original gegen Ende des 15. Jahrhunderts schuf.

Doch für solche kulturhistorischen Ausflüge fehlt unseren Kurzurlaubern diesmal die Zeit. Vier Tage Tessin gehen schnell vorbei. Die Stuttgarter trösten sich und versprechen baldige Wiederkehr. Und mit jedem Kilometer, den sie der V 230 in Richtung Norden bringt, beginnen sie zu verstehen, was Hesse einst über seine Wahlheimat sagte: „Hier war das Leben möglicher."

Pilgerstätte:
Auf dem Friedhof der Kirche von Gentillino fand der Wahl-Tessiner Hermann Hesse seine letzte Ruhestätte.

Strandleben:
Am idyllischen Strand von Casoro stürzen sich die Urlauber in die Fluten des Lago di Lugano.

Touren-Tip

Tessin

Anreise

Autobahn 5 bis Basel, dann weiter über die N 2 Richtung Luzern, Sankt Gotthard, Bellinzona, Lugano.

Hotels*

- Elevezia, 6612 Ascona, Telefon 0041 91 7911514.
- Cà Vegia, 6656 Golino, Telefon 0041 91 7961267.
- Elevezia al Lago, 6976 Castagnola, Telefon 0041 91 9714452.
- Ceresio, 6918 Figino, Telefon 0041 91 9951129.
- Carina Carlton, 6922 Morcote, Telefon 0041 91 9961131.

Grotti*

- Al Bosco, 6925 Gentillino, Telefon 0041 91 9946776.
- Circolo Sociale, 6926 Montagnola, Telefon 0041 91 9946919.
- Alpe Vicania, 6921 Vico Morcote, Telefon 0041 91 9961850.
- Al Böcc, 6921 Vico Morcote, Telefon 0041 91 9963423.
- Grotto du Rii, 6655 Intragna, Telefon 0041 91 7961861.

Weingüter*

- Vini Tamborini, 6814 Lamone, Telefon 0041 91 9453434.
- Fratelli Valsangiacomo, 6830 Chiasso, Telefon 0041 91 6836053.
- Vinattieri Ticinesi, 6853 Ligornetto, Telefon 0041 91 6473333.
- Vinattieri Zanini, 6853 Ligornetto, Telefon 0041 91 6472333.
- Chiodi SA, 6612 Ascona, Telefon 0041 91 9951129.
- Cantina Giubiasco SA, 6512 Giubiasco, Telefon 0041 91 8572531.

Literatur*

- DTV-Verlag: Merian-Reiseführer „Tessin“, 240 Seiten, 24,90 Mark.
- Hoffmann und Campe Verlag: Merian „Tessin“, 130 Seiten, 14,80 Mark.
- HB-Verlag: Bildatlas „Tessin“, 100 Seiten, 14,80 Mark.
- DuMont-Verlag: Du Mont Kunst-Reiseführer „Tessin“, 44 Mark.

Informationen

ENTE Ticinese per il Turismo,
Villa Turrita,
CH-6501 Bellinzona,
Telefon 0041 91 8257056.

*Auswahl/Angaben ohne Gewähr

Weitere Ziele für den Kurzurlaub mit Freunden oder Familie

Allgäu und Oberbayern – Unterwegs zu Schlössern und Seen

Das Reich von Bayernkönig Ludwig II. bietet eine Vielzahl von Sehenswürdigkeiten und Attraktionen, die sich für einen Kurzurlaub lohnen. Die Tour durchs Alpenvorland beginnt in Füssen – genauer gesagt in Schwangau an der Romantischen Straße. Hier gibt es zwei weltberühmte Ziele, die immer wieder sehenswert sind: das Märchenschloß Neuschwanstein und das Schloß Hohenschwangau. Nach diesem Ausflug in die bayerische Vergangenheit führt die Romantische Straße in Richtung Norden bis Steingaden. In der Nähe dieser Ortschaft steht die Wallfahrtskirche „In der Wies", Europas schönste Rokokokirche. Gut zehn Kilometer weiter biegen wir rechts ab auf die Bundesstraße 23 in Richtung Oberammergau. Der Luftkurort ist nicht nur wegen seiner Passionsspiele bekannt, auch sein Ortsbild mit den buntbemalten Häusern aus dem 18. Jahrhundert begeistert jährlich viele tausend Besucher. Von Garmisch-Partenkirchen

Reiseziel:
Blick auf den Walchensee.

machen wir einen Abstecher zum nahegelegenen Eibsee am Fuße der Zugspitze und beginnen dort eine kleine Seereise, die uns anschließend auf der Bundesstraße 11 zum Walchensee, Kochelsee und Starnberger See führt.

Weitere Informationen:
Fremdenverkehrsverband,
Bodenseestraße 113,
D-81245 München,
Telefon 089/8292180.

Touren-Tip

Elsaß – Burgen, Wein und gute Küche

Gutes Essen, guter Wein, gute Menschen – so läßt sich eine Reise ins Elsaß kurz und treffend beschreiben. Der Ausflug in die Region südlich von Strasbourg lohnt sich also aus vielerlei Gründen. Der wichtigste ist aber zweifellos das gute Essen. Im Elsaß muß man wirklich nicht lange suchen, um ein geeignetes Restaurant zu finden. Fast jeder Dorfgasthof lädt zum Schlemmen ein und offeriert landestypische Köstlichkeiten wie die berühmte Quiche, den Flammkuchen oder die vielseitigen Wurst- und Fleischgerichte mit Sauerkraut.

Unsere Tour führt durch die sanften Hügel der Vogesen, entlang der Elsässischen Weinstraße, die westlich von Strasbourg in den Städtchen Molsheim und Dorlisheim beginnt. Dann folgt die Ortschaft Barr, deren Lustschloß „La Folie Marco" einen Besuch wert ist. Aus Barr stammt aber auch der bekannte Gewürztraminer, ein typisch elsässischer Wein. Zu den besonders sehenswerten Ortschaften an der Weinstraße zählt auch das Städtchen Ribeauville mit seinen drei Burgruinen. Dann folgt Riquewihr, das viele als „die Perle" unter den Weinorten des Elsaß bezeichnen. Der Ort mit seinen schmucken Häusern aus dem 17. Jahrhundert, den engen Gassen und typischen Brunnen hat sich seit dem Mittelalter nur wenig verändert. Kaysersberg und Turckheim sind weitere Stationen entlang der reizvollen Weinstraße, die wir bei Colmar wieder verlassen, um via Breisach zurück zur Autobahn 5 zu fahren.

Hauptstadt:
Strasbourg als erste Station der Elsaß-Rundreise.

Weitere Informationen:
Französisches Verkehrsbüro,
Westendstraße 47,
D-60325 Frankfurt am Main,
Telefon 069/7560830.

Touren-Tip

Ostsee – Seebäder und Sandstrände

Der Weg an einen der schönsten Abschnitte der deutschen Ostseeküste beginnt an der Ausfahrt Rostock-Nord der Autobahn 19 und führt über kleine Nebenstraßen schnurstracks in Richtung Meer. Die erste Station ist das Ostseebad Graal-Müritz, dessen herrlicher Sandstrand zum Baden einlädt. Dann geht's weiter in Richtung Wustrow und Ahrenshoop. Die Straße führt hier über das schmale Landstück, das die Ostsee von dem Binnengewässer Saaler Bodden trennt. Wustrow ist zwar der Hauptort dieses „Fischlands“, doch Ahrenshoop zieht die meisten Besucher an – nicht zuletzt wegen der kleinen Künstlerkolonie. Treffpunkte sind die „Bunte Stube“ an der Dorfstraße 24 oder das Kunsthaus Gutenberg, wo Maler, Grafiker und Kunsthandwerker ihre Werke ausstellen. Hinter Ahrenshoop beginnt der Nationalpark Vorpommersche Boddenlandschaft. Hinter dem Darßwald ist der Sandstrand rund zehn Kilometer lang, man kann ihn allerdings nur zu Fuß erreichen. Über Prerow, Barth und Presewitz fahren wir weiter nach Stralsund, dessen Altstadt vielerlei Sehenswürdigkeiten bietet. Nach dem Bummel durch die Hafenstadt starten wir zu einer Rundfahrt über die Insel Rügen, die uns via Binz und Saßnitz bis zum nördlichsten Punkt der Insel führt: dem Kap Arkona.

Kurort:
Das Ostseebad Binz auf der Insel Rügen.

Weitere Informationen:
Regionaler Fremdenverkehrsverband Fischland-Darß-Zingst e.V., Klosterstraße 12, D-18374 Zingst, Telefon 038232/232.
Fremdenverkehrsverband Rügen, August-Bebel-Str. 12, D-18592 Sellin, Telefon 038303/334.

Touren-Tip

Südtirol – Durch Obstplantagen und Weingärten

Die Region südlich der Alpenpässe Reschen und Brenner ist seit jeher einer der größten und ertragreichsten Obstgärten Europas. Äpfel, Birnen, Kirschen und Pflaumen gedeihen in dem submediterranen Klima prächtig. Und natürlich der Wein: Aus Südtirol kommen gehaltvolle Rotweine, die vor allem in der Region zwischen Meran und dem Kalterer See angebaut werden. Unsere Tour führt über den Reschenpaß ins Vinschgau. Hinter der Ortschaft Algund – wenige Kilometer vor Meran – biegen wir dann von der Hauptstraße Richtung Lana ab. Die Straße führt auf den Gampenpaß, der einen herrlichen Blick auf die Obstplantagen und Weingärten im Tal der Etsch erlaubt. Über den Mendelpaß geht's hinunter nach Eppan, einem der bekanntesten Weinorte Südtirols. Zur Ortschaft Eppan gehören 18 kleinere Dörfer, von denen Sankt Michael mit Abstand das schönste ist. Hier lohnt es, das Auto abzustellen und einen Spaziergang durch die Weinlandschaft zu machen. Danach fahren wir auf der Südtiroler Weinstraße weiter in Richtung Kaltern, wo ein Besuch im Weinbaumuseum (Goldgasse 1) auf dem Programm steht. Hinter der Ortschaft Tramin erreichen wir dann die Brennerautobahn, die zurück in Richtung Heimat führt.

Wahrzeichen: Das Schloß Tirol oberhalb von Meran.

Weitere Informationen:
Staatliches Italienisches Fremdenverkehrsamt,
Kaiserstraße 65,
D-60329 Frankfurt am Main,
Telefon 069/237430.

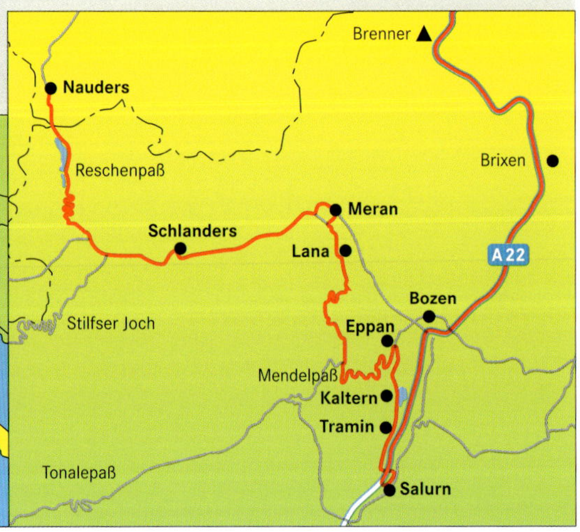

Touren-Tip

Gardasee – Entdeckungstour auf der „Gardesana Orientale“

Mit einer Länge von 51 Kilometern und einer Breite von durchschnittlich sieben Kilometern ist der Gardasee Italiens größtes Binnengewässer. Es würde zweifellos viel zu lange dauern, während eines Kurzurlaubs beide Seiten des Sees zu erkunden. Deshalb bleiben wir auf der Ostseite, die nach Meinung von Kennern ohnehin die schönsten Orte zu bieten hat. Beispiel Malcesine: In dem Kurort am Fuße des 2 200 Meter hohen Monte Baldo sind vor allem der alte Hafen und das Schloß einen Abstecher wert. Die Seilbahn führt in das Naturschutzgebiet auf knapp 1 800 Meter Höhe, das die Heimat von über 600 seltenen Pflanzenarten ist. Doch zurück zur Uferstraße „Gardesana Orientale“. Assenza, Brenzone und Castelletto sind die nächsten Ortschaften auf dem Weg nach Süden. Dann folgt Torri del Benaco, ein reizvoller Ort mit engen Gassen, einem malerischen Hafen und der Scaliger-Burg aus dem 14. Jahrhundert. Das nächste Städtchen heißt Garda – hier sollen sich einst Romeo und Julia getroffen haben. Der nächste Stopp auf der Autotour ist Bardolino, die Heimat bekannter Rotweine und erstklassiger Olivenöle. Südlich von Lazise entstand vor wenigen Jahren der Freizeitpark Gardaland, der vor allem für Kinder einer der Höhepunkte des Gardasee-Urlaubs ist.

Fischerdorf: Lazise am Ostufer des Gardasees.

Weitere Informationen:

Azienda di promozione turistica, Lungolago Regina Adelaide, I-37016 Garda, Telefon 0039 45 7255194.

(Angaben ohne Gewähr)

Fahrbericht

Familientest – Eine Woche mit der V-Klasse

Eine Düsseldorfer Familie macht die Probe aufs Exempel: Für eine Woche tauscht sie ihr bewährtes T-Modell gegen die V-Klasse ein und erlebt ein völlig neues Raumgefühl auf Rädern.

Selbstabholer am Getränkemarkt: Fürs Kinderfest transportiert Vater Münzer mit der V-Klasse Tische, Bänke und Getränkekisten nach Hause.

Berufsverkehr:
Testfahrer Münzer lobt die erhöhte Sitzposition, die ihm mehr Überblick als in einer herkömmlichen Limousine bietet.

Knapp fünf Kubikmeter Gepäckraum und drei Meter Radstand. Die wegweisenden Dimensionen erheben die neue V-Klasse von Mercedes-Benz zum Trendsetter unter den Großraum-Limousinen. „Doch“, so fürchtet Wolfgang Münzer, „im dichten Innenstadtverkehr kommen herkömmliche Personenwagen leichter durch.“ Ein vorschnelles Urteil, das der Skeptiker selbst überprüfen kann: Für eine Woche stellt der Versicherungsfachwirt sein T-Modell der Mercedes-Benz E-Klasse in der häuslichen Garage außer Dienst und testet statt dessen mit seiner Familie die neue V-Klasse im realistischen Alltagseinsatz.

Montag morgen, 7.15 Uhr. Im Nahkampf des morgendlichen Berufsverkehrs der Landeshauptstadt zählen Übersicht und Wendigkeit. Wolfgang Münzer ist mit der V-Klasse vom Vorort Grafenberg unterwegs zum Büro in die City. Der erste Knotenpunkt liegt kurz vor dem Hauptbahnhof, am Worringer Platz. Vier volle Fahrspuren in Richtung Innenstadt, fünf Einmündungen und Abzweigungen auf nicht mal 100 Meter Strecke. Getümmel von allen Seiten. „Irgendwie“, kommentiert Wolfgang Münzer zwischendurch gelassen, „habe ich durch die erhöhte Sitzposition den besseren Durchblick.“

Nicht nur, daß der Versicherungsfachmann den Brummi-Fahrern ins Auge schauen könnte, er sieht auch nach vorne weiter als gewohnt – über die Dächer der vorausfahrenden Autos hinweg.

Diese Verkehrsübersicht ist neu für ihn. Nicht dagegen das bewährte, mercedestypische Fahrgefühl. Das Lenkrad steht angenehm flach, die Anordnung der Bedienelemente und Instrumente erfordert keine Umgewöhnung, Schalter und Hebel sind logisch plaziert und eindeutig mit Symbolen markiert. „Geht alles easy“, urteilt Wolfgang Münzer. Unbewußt ein dickes Kompliment an die Techniker und Ingenieure von Mercedes-Benz. Zu deren wichtigstem Ziel gehörte es nämlich, trotz Multifunktionalität und einzigartiger Raumreserven vertrautes Limousinengefühl zu schaffen. Der Job ist ihnen gelungen. Münzer hat schnell vergessen, daß er mit einem variablen Raumwunder unterwegs ist. Die neue V-Klasse setzt nicht nur Akzente bezüglich Variabilität und Zuladungsreserven, sondern auch in Sachen Handlichkeit. Der Beweis: Der Versicherungsfachmann wechselt im Großstadtgewühl öfter die Gänge, als der Verkehrsfluß es erfordert. Aus reinem Übermut, denn mit dem kurzen Schalthebelgriff in der Instrumententafel, auf Brusthöhe besonders griffgünstig plaziert, „geht’s fast sportlich-knackig zur Sache“. Der Spaß ist leider schnell vorbei: schon wieder Schleichverkehr vor der Hauptpost.

Großeinkauf:
Vor Supermarkt und Blumengeschäft zeigt die V-Klasse weitere Stärken. Das Einparken klappt ebenso problemlos wie das Verstauen sperriger Gegenstände.

Kürzer als ein Kombi

Der nächste Tag: Großeinkauf im Supermarkt. Weil Wolfgang Münzer bis spätabends wegen einer Dienstreise ausfällt, fährt Ehefrau Renate zum Supermarkt. Die Nachbarin steht schon am Gartenzaun: „Wo Sie doch jetzt so ein großes Auto haben ...“ Kurzum, Renate Münzer möge doch bitte das riesige Schaukelpferd mitbringen, das für den Junior der Nachbarin zur Abholung bereitsteht. Vor dem Start wirft Renate Münzer einen prüfenden Blick in den Kraftfahrzeugschein ihres V-Klasse-Modells. Das Ergebnis ist beruhigend. Unter „Maße über alles mm“ steht für die Fahrzeughöhe „1878“. Erste Entspannung für die Einkaufsfahrerin: „Damit komme ich locker ins Parkhaus.“ Stimmt, denn die Durchfahrthöhen in öffentlichen Hoch- und Tiefgaragen liegen regelmäßig bei rund 2,20 Metern.

Dennoch wird’s anscheinend eng. Alle Parkplätze sind belegt. Bis auf einen, aus dem gerade ein Kleinwagen kurvt. „Jetzt oder nie“, gibt sich die zaudernde Renate Münzer einen Ruck und nutzt die letzte Chance vor der Ausfahrt. Sie setzt rückwärts an. Der besorgte Blick nach hinten und zur Seite entspannt und überrascht zugleich. „Durch die großen Fenster habe ich ja echten Panoramablick. Wo die Scheiben zu Ende sind, ist auch das Auto zu Ende.“ Kein Peilen über Kofferraumkanten, kein Aussteigen, um die letzten freien Zentimeter zu schätzen. Nach zwei Rangierversuchen hat Renate

Münzer die Großraum-Limousine so eingeparkt, daß es für jede Fahrprüfung reichen würde. Dennoch ist die V-Klasse-Fahrerin sichtlich verblüfft: „Der Wagen ragt ja überhaupt nicht mit der Front in die Fahrbahn, sondern steht voll und ganz innerhalb der markierten Fläche.“ Kein Wunder, denn die V-Klasse ist in den Außenabmessungen eine normale Limousine.

Nicht normal ist hingegen der riesige Stauraum im Fond des Mercedes-Modells. Platz genug für den lange aufgeschobenen Palmeneinkauf? Der nächste Testtag soll es zeigen: Diensteifrig lächelt der Verkäufer im Gartencenter seine Kunden an. Routiniert klappt er die Kladde mit den Lieferterminen auf und fingert den Kugelschreiber aus der Brusttasche. „Es wird zwar ein paar Tage dauern, aber die Palmen liefern wir selbstverständlich frei Haus“, doziert der Mann in der grünen Schürze, „denn die sind ja zu groß für ein normales Auto.“ Doch aus dem Lieferauftrag wird nichts. Die Münzers lehnen dankend ab und schieben den Einkaufswagen mit den grünen Zimmerriesen samt dicken Tonkübeln zum Parkplatz: „Wir nehmen die Bäume gleich mit.“ Die geschäftige Freundlichkeit des Grünkundigen schlägt in ungewohnte Besorgnis um. „Und die beiden da“, fragt der verhinderte Zusteller und deutet auf den Münzer-Nachwuchs Tilo (11) und Lisa (6), „wollen Sie die hierlassen?“ Daran verschwendet Mutter Renate keinen Gedanken: „Warum denn? Die kommen auch mit, das klappt schon.“

Das „ganz dicke Ding“, so Sohn Tilo, steht für den nächsten Testtag auf dem Programm: Lisas sechster Geburtstag. Ihr Herzenswunsch ist ein Gartenfest mit den Freundinnen aus dem Kindergarten. Der Familienrat tagt. Ergebnis: Die Party soll steigen. Ebenso groß wie die Vorfreude ist die überschäumende Ungeduld. Vater und Mutter Münzer entdecken eine neuartige Beschäftigungstherapie: „Wir fahren alle zum Getränkemarkt und holen Tisch und Bänke selbst ab.“ Beim letzten Geburtstag mußten die quirligen Kleinen bei der freundlichen Nachbarin in Obhut gegeben werden, denn der Kombi bot keinen Platz für Familie und Mietbestuhlung gleichzeitig. Jetzt fahren alle gemeinsam zum Einladen beim Party-Service vor. Ein langer Festzelt-Klapptisch und zwei sperrige Bänke nebst Kästen voller Limonade, Fruchtsaft und Mineralwasser. Klarer Fall, die beiden letzten Sitze müssen umgeklappt werden. Ein Job für den 11jährigen Sohn Tilo. Der geht buchstäblich kinderleicht. Für die beiden Entriegelungshebel an der Rückseite braucht der 11jährige keine Bedienungsanleitung. Die aufgedruckten Symbolbilder sind eindeutig. Tilo ruckt am ersten Handgriff – die Lehne klappt vornüber auf die Sitzfläche. Dann der Zug am zweiten Hebel – der gesamte Sitz kippt aus der hinteren Bodenverankerung nach vorne in Transportstellung. Tisch und Bänke bis zum „Anschlag“ durchreichen, Getränkekästen hinten rein, fertig.

Mannschaftswagen:
Das Tennis-Jugendteam fährt mit der V-Klasse zum Match.

Keine hohe Kante

Zwischendurch sorgt allerdings ein helles Surren für Verwirrung und leichte Aufregung. Das Auto bewegt sich! Wolfgang Münzer hastet zum Fahrersitz, tritt die Handbremse noch fester nach unten und dreht den Zündschlüssel nochmals zum linken Anschlag. Sicher ist sicher. Das Auto bewegt sich immer noch. Nicht vorwärts, sondern aufwärts. Des Rätsels Lösung: Vor dem Zuladen hatte die automatische Niveauregulierung der luftgefederten Hinterachse die Ladekante auf Schienbeinhöhe abgesenkt und anschließend, als die Sensoren das Gewicht von Tisch und Bänken erfaßt hatten, wieder über Kniehöhe angehoben. Weil der Kompressor für die Luftnummer elektrisch angetrieben wird und damit unabhängig vom Motor arbeitet, klappt die Arbeitserleichterung auch im Stand. Nur die Arbeit des Kompressors ist ein paar Sekunden lang zu hören.

Am Tag nach der gelungenen Kakao- und Eis-Kinderparty im Garten spüren die Münzers den einzigen Nachteil der neuen V-Klasse: Freunde und Bekannte wollen ebenfalls die vielfältigen Einsatzmöglichkeiten nutzen. Sogar die Offiziellen von Tilos Tennisverein, die vor jedem Auswärtsspiel zwei Eltern mit ihren Autos zum Zubringerdienst überzeugen müssen, sind begehrlich. „Wie viele Personen passen da eigentlich rein, Herr Münzer?“ fragt

Ausflug:
Mit Fahrrädern, Sport- und Spielsachen starten die Münzers zur Nachmittagstour an den Rhein.

der 2. Vorsitzende mit Blick auf die stattliche Limousine vor dem Vereinsheim. „Unsere komplette D-Jugendmannschaft mit Betreuer. Habe schon verstanden." Zum anstehenden Punktspiel chauffiert Münzer die Nachwuchsschläger, zwei Mädchen, zwei Jungen, ein Ersatzspieler und ihren Betreuer, mit der neuen V-Klasse zum schweißtreibenden Einsatz beim „TC Hösel", östlich von Düsseldorf. Die Teammitglieder spielen den „dicken Max", fühlen sich wie Boris & Co., die in ihren Official-Cars zum roten Sand vorfahren.

Der Trainer entdeckt unterwegs eine neue pädagogische Chance. Denn während die fünfköpfige Mannschaft bislang stets in zwei getrennten Gruppen zum Match anreisen mußte, hat er jetzt seine Truppe von Anfang an beisammen. Letzte Vorbereitung und aktuelle Taktik-Tips gibt es deshalb schon auf der Autobahn. „Auf der Anlage", so der Trainer, „haben die Kinder kein Ohr mehr für mich. In einem solchen Auto müssen sie mir einfach zuhören." Das stimmte freilich nicht ganz, denn die Jungstars hatten längst eine besondere Komfortzutat im Innenraum der V-Klasse entdeckt: die Halter für Getränkedosen in der Seitenverkleidung. Ungemein praktisch, denn die Halteringe erlaubten volle Konzentration und freien Fingereinsatz am Discman oder Gameboy. Der Trainer war abgemeldet und stellte seine mentale Spielvorbereitung ein: „Ich würde die Dosenhalter zukleben. Aber Hauptsache, sie interessieren sich nicht für die Aschenbecher daneben."

Strahlende Sonne, 27 Grad, ein Feiertag mitten in der Woche. Die Münzers starten zum Nachmittagsausflug auf die andere Rheinseite nach Neuss. Diesmal ist sogar der Münzer-Nachwuchs begeistert dabei, denn Papa eröffnet neue Möglichkeiten: „Wir nehmen die Fahrräder mit." Bei Ausflügen mit dem gewohnten Familienauto blieben die Tretrenner meist im Keller, denn die Montage auf dem Dachträger war zu lästig oder zu zeitraubend, in den Kofferraum zu den Sport- und Spielsachen passen sie nicht. Jetzt sind die Pedalmobile an Bord, einfach hinten reingestellt. Alles unter einem Dach. Kurz hinter Wermelskirchen die zweite Überraschung. Schadenfrohes Kichern aus der dritten Sitzreihe. Lisa hat beim Kartenspiel schon zum zweiten Mal den Schwarzen Peter ihrem Bruder angedreht. Renate Münzer mischt zur nächsten Runde. „In unserem eigenen Auto", so die Mutter, „gibt es unterwegs schon nach kurzer Zeit fast regelmäßig Quengeleien. Um die Kleine abzulenken oder zu beschäftigen, muß ich mich vom Beifahrersitz aus immer nach hinten drehen. Das ist umständlich und lästig."

Sitzen wie im Erster-Klasse-Abteil

Jetzt sitzt sich die Familie wie im Zugabteil gegenüber – erster Klasse, versteht sich. Auch während der Fahrt. Die „Familientrennung", in konventionellen Personenwagen zwangsläufig und in anderen Sechs- bis Achtsitzern üblich, ist in der neuen V-Klasse von Mercedes-Benz aufgehoben. Denn in der Großraum-Limousine der Stuttgarter Autobauer feiert ein neuartiges Integral-Rückhaltesystem Premiere – es macht jeden Sitz zu einer eigenständigen Einheit, die ohne Komfort- oder gar Sicherheitseinbußen beliebig positioniert werden kann. Sogar mit dem Rücken zur Fahrtrichtung. Nicht nur in den Parkpausen, sondern auch während der Fahrt.

Die familienfreundliche Sitzkonstruktion in der V-Klasse von Mercedes-Benz ist eine Besonderheit. Weil die Haltegurte mit dem Sitz zu einer Rückhalte-Einheit verbunden sind, hegen auch Gesetzgeber und Unfallversicherer keine Einwände gegen die freie Platzwahl mit Blick durch das Heckfenster. So haben alle Fondpassagiere unterwegs stets Sichtkontakt untereinander. Beim Schwarzen Peter lugt niemand mehr von der Seite in Lisas Karten. Sohn Tilo hat inzwischen einen weiteren Spaß der Vis-à-vis-Sitzordnung entdeckt. Er sitzt Rücken an Rücken zu seinem Vater am Lenkrad, streckt seine Beine auf den gegenüberliegenden Sitz und macht aus dem rollenden Spielzimmer einen Liegewagen. Aus der hingelümmelten Schräglage schneidet er mitunter Faxen durch das große Rückfenster zum Hintermann. „Nicht die feine Art", rügt Renate Münzer, „aber wenigstens zanken sich die beiden nicht mehr." Den Grund dafür liefert Tilo hinterher: „Ist nicht mehr so langweilig wie Papas Kopfstütze direkt vor der Nase."

Der letzte Testtag. Dezentes Stirnrunzeln bei Vera und Karsten. Mit dem befreundeten Ehepaar wollen die Münzers ohne Tilo und Lisa bei einem Prominentenwirt den Abschluß der V-Klasse-Erprobung feiern. Vier gekreuzte Bestecke dekorieren den Küchenmeister im Schlemmerführer. Freundin Vera fragt höflich-zaghaft, ob denn die neue V-Klasse nicht etwas zu groß und unhandlich für die Flanierfahrt über die Königsallee sei. Ehrlicher ausge-

Abendtour:
Die V-Klasse bringt die Münzers und ihre Freunde zum Restaurant in die Düsseldorfer City.

drückt: Sie fürchtet, die ungewohnte Limousine passe nicht so recht in die abendliche Glitzerwelt der vornehmen Landeshauptstadt. Wolfgang Münzer nimmt die Skepsis gelassen: „Ich wette mit Euch, da wird niemand die Nase rümpfen. Laßt Euch mal überraschen.“ Eine Flasche Champagner steht auf dem Spiel.

Unterwegs verteilen die Freunde trotz anfänglicher Vorbehalte dennoch Pluspunkte an die neuartige Großraum-Limousine. Die Freundin, im wadenlangen engen Rock, gesteht: „Der Einstieg durch die große Schiebetür ist bequem wie in einem Londoner Taxi.“ Ehemann Karsten lümmelt sich unterdessen zu ausgiebigen Sitzproben in der zweiten Reihe. Er verschränkt die Arme und legt dabei die Ellenbogen auf die Armlehnen. „Irgendwie chefsesselmäßig“, versucht er sich in aktuellem Szene-Deutsch und schlägt gemütlich die Beine übereinander. Für den 1,94-Meter-Mann eine Wohltat, die er „sonst nur in der Bahn“ genießen kann.

Zwanzig Minuten später. Ein lauer Sommerabend wie aus dem Bilderbuch. Im „Victorian“ in der Königstraße, ein Steinwurf vom Prachtboulevard „Kö“ entfernt, deckt Kellner Gianfranco die Tische auf dem Bürgersteig neu ein. Renate Münzer lenkt die V-Klasse mit einem rückwärtigen „Einzüger“ auf Anhieb in die einzige freie Parklücke. Direkt vor dem Lokal. Betont beiläufig beäugen die Stammgäste zwischen zwei Vorspeise-Häppchen die Szene. Der Service-Mann aus Italien legt Besteck und Servietten aus der Hand. Münzer-Freund Karsten sieht seine Schampus-Wettchancen schwinden, denn weder die verwöhnten Feinschmecker aus der ersten Reihe noch der Kellner fürchten offenbar unstandesgemäße Invasoren in ihrem Gourmet-Treff. Im Gegenteil. Nach kurzer, kritischer Musterung schlemmen sie weiter. Die Neulinge sind als standesgemäß anerkannt. Auch für Gianfranco ist die Sache klar: Die schick gekleideten Leute aus der „Bella macchina“ mit dem Stern auf dem Kühlergrill wollen natürlich zu ihm. Spontan öffnet er die seitliche Schiebetür. Münzer-Freundin Vera trippelt mit hohen Hakken und erhobenen Hauptes aus dem Fondabteil. Keine Verrenkung, keine Verbeugung vor dem Wagendach und kein Bordsteinklettern mit Sicherheits-Klammergriff an der Türkante, wie bei herkömmlichen Limousinen mitunter nötig.

Abschied:
Die Test-Woche mit der V-Klasse hat die Düsseldorfer Familie restlos von den Qualitäten der Großraum-Limousine überzeugt.

Beim Dessert muß Renate Münzer wieder an „ihren“ Testwagen denken. „Morgen“, sinniert die Düsseldorferin, „müssen wir das Multi-Talent wieder abgeben. Schade, gerade jetzt, so kurz vor dem geplanten Urlaub mit den Großeltern.“ Ehemann Wolfgang antwortet nicht, er rechnet vor sich hin: „Unser Kombi bringt doch sicher noch gutes Geld bei der Inzahlungnahme. Mal sehen, was unser Mercedes-Händler sagt ...“

Freizeitparks in Deutschland

Wohin am Wochenende? Dieser Touren-Tip gibt Anregungen und Hinweise für einen erlebnisreichen Autoausflug mit der ganzen Familie: Die großen Abenteuer- und Freizeitparks bieten ihren kleinen und großen Besuchern ein abwechslungsreiches Programm - von der Wasserrutsche bis zum Varieté, vom Weltraumsimulator bis zum Wildpark. Adressen und Attraktionen einiger großer Freizeitparks:

- Babelsberg Studiotour, August-Bebel-Straße 26-53, 14482 Potsdam, Telefon 0331/7212744. Film-Erlebnispark im Süden Berlins. Filmkulissen, Stuntshows, Actionkino, Westernstadt, Sandmannstudio, Studiorundfahrt. Geöffnet von April bis Oktober, täglich ab 10.00 Uhr. Eintrittspreise: Erwachsene 22 Mark, Familienkarte 55 Mark.
- Hansapark, Am Fahrenkrog 1, 23730 Sierksdorf/Ostsee, Telefon 04563/7051. Abenteuer- und Action-Park nördlich von Travemünde. Loopingbahn, Weltraumsimulator, Wikingerschiff, Wasserzirkus, Wasserachterbahn, Holzfällerlager, alter Jahrmarkt, Westernstadt, Metroliner, Varieté, Shows. Geöffnet von Ende März bis Ende Oktober, täglich ab 9.00 Uhr. Eintrittspreise: 22 bis 26 Mark.

- Heide-Park, 29614 Soltau, Telefon 05191/91248. Freizeit- und Familienpark an der Autobahn Hannover - Hamburg. Loopingbahn, Aussichtsturm, Gartenschau, Wildwasserbahn, Wildpark, Schweizer Bobbahn, Delphinarium, Heidedorf, Floßfahrt, Autoausstellung, Freiheitsstatue, Mississippidampfer, Western-Eisenbahn. Geöffnet von Ende März bis Ende Oktober, täglich ab 9.00 Uhr. Eintrittspreis: 31 Mark.
- Serengeti Safaripark, 29691 Hodenhagen, Telefon 05164/531. Erlebnispark mit wilden Tieren inmitten der Lüneburger Heide. Über 1 000 Tiere aus aller Welt. Freizeitland mit Wildwasserbahn, Ach-

terbahn und anderen Fahrattraktionen. Geöffnet von März bis Oktober, täglich ab 10.00 Uhr. Eintrittspreise: Erwachsene 25 Mark, Kinder 23 Mark.

- Freizeitpark Verden, 27283 Verden/Aller, Telefon 04231/64083. Mitmachpark an der Autobahn Hannover - Bremen. Floßfahrt, Fun-Golf, Treckerbahn, Zirkus, Schwebebahn, Indianerland, Riesenspielplatz, Märchenweg. Geöffnet von Ende März bis Ende Oktober, täglich ab 9.00 Uhr. Eintrittspreise: Erwachsene 18 Mark, Kinder 16 Mark.
- Dinosaurier-Freilichtmuseum Münchehagen, Alte Zollstraße 5, 31547 Münchehagen, Telefon 05037/20732075. Dinosaurier-Freilichtmuseum in der Nähe des Steinhuder Meers. Naturdenkmal Saurierfährten, Dinosaurier-Lehrpfad, Dinosaurier-Embryo. Geöffnet von Mitte Januar bis Mitte Dezember, täglich ab 9.00 Uhr. Eintrittspreise: Erwachsene 10 Mark, Kinder 7 Mark.

- Fort Fun, 59909 Bestwig/Wasserfall, Telefon 02905/810. Abenteuerpark im Hochsauerland. Wildwasserbahn, Doppelrutschbahn, Stromschnellfahrt, Riesenrad, Einschienenbahn, Selbstlenkautos, Western-Eisenbahn, Shows. Geöffnet von Ende März bis Ende Oktober, täglich ab 10.00 Uhr. Eintrittspreise: Erwachsene 28 Mark, Kinder 26 Mark.
- Panorama-Park Sauerland, 57399 Kirchhundem-Oberhundem, Telefon 02723/774100. Erlebnispark im Sauerland. Rollerbobbahn, Achterbahn, Wasserbobbahn, Windkraftanlage, Shows, Wildpark, Kartbahn. Geöffnet von Anfang April bis Ende Oktober, täglich ab 10.00 Uhr. Eintrittspreise: Erwachsene 29 Mark, Kinder 26 Mark.

- Phantasialand, Berggeiststraße 31-41, 50321 Brühl, Telefon 02232/360. Freizeitpark vor den Toren Kölns. Weltraumsimulator, Hollywood-Tour, Achterbahn, Wildwasserbahn, Westernstadt, Silbermine, Bergwerksbahn, Monorailbahn, Geister-Rikscha, China-Town, Shows, Aqua-Theater. Geöffnet von Anfang April bis Ende Oktober, täglich ab 9.00 Uhr. Eintrittspreise: Erwachsene 32 Mark, Kinder unter 1,20 Meter Körpergröße haben freien Eintritt.

Touren-Tip

- Eifelpark, 54647 Gondorf bei Bitburg, Telefon 06565/2131. Wild-, Natur- und Erlebnispark in der Eifel. Wellenrutsche, Achterbahn, Luftschaukel, Bärenschlucht, Bergwildpark, Abenteuer-Spielburg. Geöffnet von Anfang April bis Ende Oktober, täglich ab 9.30 Uhr. Eintrittspreise: Erwachsene 21 Mark, Kinder 18 Mark.
- Holiday Park, 67454 Haßloch/Pfalz, Telefon 06324/59930. Unterhaltungs- und Erlebnispark in der Pfalz. Blumenfestival, Unterwassershow, Varieté-Shows, Floßfahrt, Stromschnellenfluß, Achterbahn, Spielburg, Ritterburg, Wasserski-Show, Sturmschiff, Hochseilshow. Geöffnet von Ende März bis Ende Oktober, täglich ab 9.00 oder 10.00 Uhr. Eintrittspreise: Erwachsene 30,50 Mark, Kinder 27,50 Mark.

- Europa-Park, 77977 Rust/Baden, Telefon 07822/770. Erlebnispark an der Autobahn Karlsruhe - Basel. Ballonfahrt, Wildwasserbahn, Nebelhöhle, Ritterspiele, Varieté-Show, Weltraumstation, Flugsimulator, Monorailbahn. Geöffnet von Ende März bis Anfang November, täglich ab 9.00 Uhr. Eintrittspreise: Erwachsene 34 Mark, Kinder 31 Mark.
- Tripsdrill, 74389 Cleebronn/Tripsdrill, Telefon 07135/4081. Erlebnispark zwischen Heilbronn und Stuttgart. Wildbachfahrt, Waschzuber-Rafting, Altweibermühle, Wildpark, Achterbahn, Streichelzoo, Enten-Wasserfahrt, Weinbaumuseum, Hochbahn, Bauerntheater, Musikshows. Geöffnet von Anfang April bis Ende Oktober, täglich ab 9.00 Uhr.

- Bavaria FilmTour, Bavariafilmplatz 7, 82031 Geiselgasteig, Telefon 089/64992304. Fernseh- und Filmstadt bei München. Filmkulissen, Actionshows, Showscan-Kino, Filmworkshop, Filmtour-Express. Geöffnet von Anfang März bis Ende Oktober, täglich ab 9.00 Uhr. Eintrittspreise: 28 Mark, Kinder 23 Mark.

- No Name City, Gruberstraße 60a, 85586 Poing bei München, Telefon 08121/79666. Freizeitpark und Westernstadt vor den Toren Münchens. Wildwest-Shows, Western-Eisenbahn, Cowboy-Museum, Rodeo-Show. Geöffnet von Ende März bis Anfang November, täglich ab 9.30 Uhr. Eintrittspreise: Erwachsene 17 Mark, Kinder 12 Mark.

(Angaben ohne Gewähr)

Höhenflug

Freizeiterlebnis – Ballonfahren über den Alpen

Mit dem Heißluftballon über Alpengipfel schweben – das ist für viele ein Traum der besonderen Art. Im Berner Oberland wird er Wirklichkeit. Die V-Klasse von Mercedes-Benz dient den Ballonfahrern als rollende Bodenstation.

HB-BLO

Fast lautlos fährt der Ballon über Almwiesen, Bergdörfer und Gipfel. Rund 3 000 Kubikmeter heiße Luft halten ihn am Himmel, doch nur der Wind bestimmt seine Richtung.

Startrampe:
Die V-Klasse hat Ballon und Ballonfahrer auf eine Wiese oberhalb von Gstaad gebracht. Von hier startet das graue Ungetüm zu einer knapp dreistündigen Fahrt über die Alpenlandschaft.

Sieben Uhr morgens. Die Wiese ist noch taunaß, die Sonne versteckt sich noch hinter dem Bergmassiv. Es ist kühl, doch schon jetzt steht fest: Es wird ein schöner Tag – und ein ereignisreicher. Hans Büker und seine Helfer haben alle Hände voll zu tun. Fachkundig legen sie die Hülle des Heißluftballons aus, stellen den Korb bereit. Zwei Ventilatoren pusten Luft in das silberfarbige Gebilde, das sich daraufhin im Nu entfaltet und zum Himmel emporragt. Rund 3 000 Kubikmeter Luft sammeln sich in der Hülle. Sie wird von einem Propangasbrenner so lange erhitzt, bis sich die Gesetze der Physik aufs neue bewahrheiten: Warme Luft steigt wegen ihrer geringeren Dichte auf und nimmt den Ballon mit in die Höhe. So schwebt das Luftgefährt wenig später davon – up, up and away …

In Baumwipfelhöhe läßt Ballonführer Büker den Gasbrenner über unseren Köpfen nochmals für einige Sekunden fauchen. Die Hülle des Ballons wölbt sich, der Ballon wird noch praller und steigt noch schneller. Während der Pilot aufmerksam den Höhenmesser abliest, die Wolkenformation be-

obachtet und mit kurzen Blicken gleichzeitig das alpine Gelände prüft, über das uns der Wind voraussichtlich blasen wird, ergeben sich seine Passagiere der Faszination. Die Hände an den lederbezogenen Rand des Korbs geklammert, blicken sie nach unten, sehen die Bäume kleiner werden, während der Ausschnitt der Landschaft immer größer wächst. Von hier oben verlieren die Dinge ihre Schwere und gewinnen eine unverhoffte Leichtigkeit.

Verfolgungsfahrt:
In der V-Klasse folgen die Helfer dem Ballon über schmale Bergstraßen. Pilot Hans Büker muß sie per Funk mehrmals umdirigieren, weil der Wind plötzlich die Fahrtrichtung des Ballons geändert hat.

Verfolgungsfahrt auf schmalen Bergstraßen

Unten auf dem Startplatz ist das anders. Jakob und Marcel verstauen rasch die beiden gigantischen Ventilatoren auf einem Anhänger und setzen sich hinters Steuer ihrer Großraum-Limousine, um dem Ballon auf der Straße zu folgen. Jakob fährt das Mercedes-Modell zwar erst seit wenigen Tagen, ist aber schon jetzt restlos von seinen Qualitäten überzeugt. „Der hat alles, was wir brauchen. Vor allem unendlich viel Platz“, lobt der Autokenner die V-Klasse und gibt Gas. Geschickt lenkt er den Wagen über die schmalen Bergstraßen und versucht, dem Ballon auf den Fersen zu bleiben.

Inzwischen hat der Wind das silberne Ungetüm weitergetrieben. Hans Bükers Passagiere fühlen sich, als seien sie in eine neue Dimension eingetreten, und bemerken dabei nicht mehr die Enge des Korbes, der außer ihnen und dem Ballonführer auch noch die voluminösen Gasflaschen für den Brenner transportieren muß. „Mit 80 Kilogramm Flüssigpropan an Bord fahren wir bis zu drei Stunden lang“, erklärt Büker.

Weitblick bis zum Mont Blanc

Ballonfahren im Berner Oberland, dem montanen Herzen der Schweiz - das ist ein doppeltes Erlebnis. Die Wiesen wirken hier wie weich gepolsterte Winkel, welche die starren, harten Linien der Felswände unterbrechen. Darunter im breiten Bergtal die geschäftigen Orte mit den berühmten Namen: Gstaad, Saanen, Rougemont. Und auf den Bergen am Horizont funkelt der ewige Schnee. Bis hin zum Mont Blanc reicht der Blick, mit 4 810 Metern der höchste Berg Europas. Sogar das verwitterte, von einem prächtigen Bart umrankte Gesicht Hans Bükers spiegelt die besondere Situation wider. Obwohl er mit seinen 56 Jahren und über 3 000 Ballonstunden zu den erfahrensten Piloten Europas zählt, ist ihm anzusehen, daß er die reine Luft hier oben genießt, und träumerisches Schweigen entfaltet sich.

Diese Ruhe wird nur hin und wieder durch das Krächzen des Funkgeräts unterbrochen. Dann gibt Büker unseren Standort und unsere Fahrtrichtung an Jakob unten auf der Erde durch. Er wird versuchen dort zu sein, wo wir in einer Stunde die Erde wieder berühren. Immer wieder sehen wir die Mercedes-Benz V-Klasse von oben, wie sie über eine schmale Bergstraße fährt und dabei eine Staubfahne hinter sich aufwirbelt. Doch mehr als einmal muß unser Ballonführer das Rückholauto umdirigieren, weil der Wind seine Richtung geändert hat.

Landung:
Auf einer Wiese am Beutelberg treffen sich Ballon und V-Klasse wieder.

Stärkung:
Eine zünftige Brotzeit bildet den Abschluß einer jeden Ballonfahrt. Hans Büker serviert zum Champagner Wurst und Käse aus der Region.

Wie sehr die Ballonfahrer vom Wind abhängig sind, hat Hans Büker seinen Passagieren schon am Abend vor dem Start erklärt. „Nur frühmorgens ist die Luft so ruhig, daß wir sicher fahren können. Bereits ab elf Uhr kommt die unberechenbare Thermik – die ist pures Gift für Ballonfahrer."

Technische Details beschäftigen die Passagiere allerdings kaum, als sie im Schwebezustand über die Berge gleiten. Der Reulisenpaß zieht unter ihnen hinweg. Kühe stehen geduldig wiederkäuend auf den Weiden. Ein kleiner Bergbach scheint in seinem eiligen Fall innezuhalten. Immer wieder korrigiert der Gasbrenner die Höhe des Ballons und gibt ihm neuen Auftrieb. Minuten später tastet Hans Büker das Gelände aufmerksam mit Blicken ab. Dort hinten, wo die Seilbahn zum Beutelberg und Leiterli hochführt, will er landen.

Ein Funkruf verständigt Jakob in der V-Klasse über dieses Vorhaben, und die Passagiere müssen eine neue Lektion des Ballonfahrens lernen: „Wir werden beim Aufsetzen vielleicht dreimal nacheinander kurz Bodenberührung haben. Vermutlich kippt der Korb auch um. Also laßt die Finger immer auf der Innenseite des Korbs", warnt Hans Büker. Das genügt, um alle in Hochspannung zu versetzen. Landeanflug auf eine Alpenwiese. Der Ballonführer öffnet das Ventil, warme Luft entflieht in wenig mehr als einem Augenblick, und der Ballon strebt direkt hinter der Seilbahntrasse zur Erde. Zwei leichte Stöße, und der Korb liegt halb gekippt an einem grasigen Hang. Weiche Landung im Gras.

Heimfahrt:
Der Ballonkorb paßt mühelos in den großzügigen Innenraum der V-Klasse.

Touren-Tip

Gstaad und das Saanenland

Anreise

Von Deutschland über die Autobahn 5 bis Basel. Dann weiter über die Autobahnen N 2/N 1 in Richtung Bern und Fribourg bis zur Ausfahrt Bulle. Von dort über die Nationalstraße 11 in Richtung Chateaux d'Oex, Saanen und Gstaad.

Hotels

- Le Grand Chalet, Telefon 0041 30 83252.
- Bernerhof, Telefon 0041 30 88844.
- Arc-en-ciel, Telefon 0041 30 83191.
- Steigenberger Avance, Telefon 0041 30 83388.
- Alphorn, Telefon 0041 30 44545.
- Hornberg, Telefon 0041 30 44440.

Ballonfahren

Ballonhafen Hans Büker,
Postfach 159,
CH-3780 Gstaad,
Telefon 0041 29 45485
oder 0041 30 53450.

Informationen

Verkehrsverein Gstaad,
CH-3780 Gstaad,
Telefon 0041 30 88181.

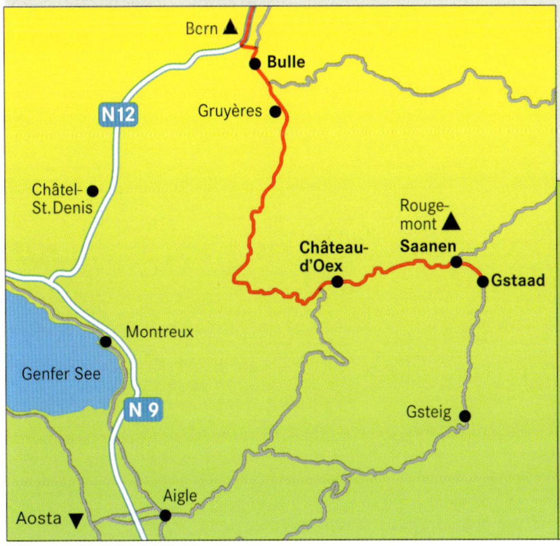

Neue Dimensionen

Mit der V-Klasse erlangt der Begriff Großraum-Limousine eine neue Bedeutung. Unter dem attraktiven Blechkleid verbirgt sich perfekte Automobiltechnik à la Mercedes-Benz.

Raumökonomie:
Die V-Klasse ist ein Musterbeispiel für intelligente Raumaufteilung. Trotz der großzügigen Platzverhältnisse im Innenraum entsprechen die Karosserieabmessungen Pkw-Standards.

Rush-hour in der City. Autos, Autos, Autos. Stop-and-go-Verkehr, Staus und Hektik. Hier heißt es, cool zu bleiben und den Überblick zu behalten. Mit einem Auto wie der Mercedes-Benz V-Klasse ist das kein Problem. Denn mit einer Gesamthöhe von 1,84 Metern überragt die moderne Großraum-Limousine herkömmliche Personenwagen deutlich und bietet dadurch auch den Insassen ein völlig neues Fahrgefühl. Die Passagiere sitzen nämlich höher als in anderen Automobilen, so daß sie das Verkehrsgeschehen stets gut im Blick haben. Beim Spurwechsel, beim Einparken oder beim Rangieren profitiert der Fahrer überdies von einer tadellosen Rundumsicht, die ihm zusätzliche Sicherheit bietet.

Kein Zweifel: Auf den ersten Blick ist die V-Klasse ein „großes" Automobil. Doch diese Beschreibung trifft in erster Linie auf den Innenraum zu, der immerhin bis zu sieben Passagieren plus Gepäck Platz bietet. Bei den Abmessungen für Länge und Breite fällt die Großraum-Limousine von Mercedes-Benz aber nicht aus dem Rahmen. Diese Karosseriedimensionen entsprechen eher Pkw-Standards, so daß der neue Mercedes-Benz auf der Straße, im Stadtverkehr oder im Parkhaus ebenso wendig ist wie andere Automobile.

Ein modernes Designkonzept und eine intelligente Raumaufteilung machen es möglich. Die Karosserie des Sechs- oder Siebensitzers mißt in der Länge rund 4,65 Meter und ist damit etwa 15 Zentimeter kürzer als die T-Limousine der E-Klasse (4,81 Meter). Das bedeutet: Die V-Klasse paßt in jede normale Parklücke. Und in der Breite ist die Großraum-Limousine nur rund sieben Zentimeter breiter als die E-Klasse. Diese Zahlen zeigen, daß die neue V-Klasse ein durchaus alltagstaugliches und verkehrsgerechtes Au-

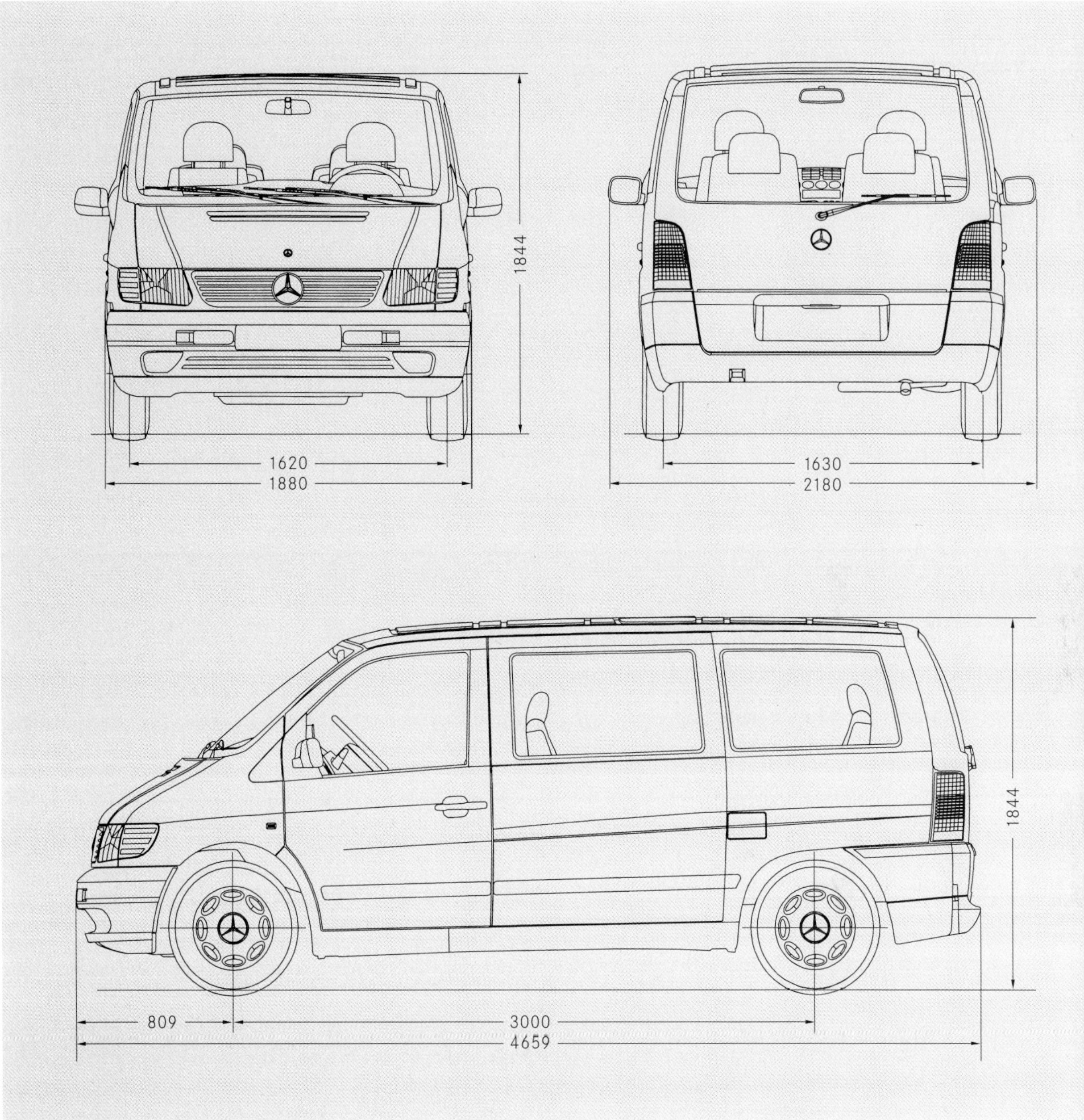

Außenmaße:
Mit einer Gesamtlänge von 4 659 Millimetern ist die V-Klasse rund 150 Millimeter kürzer als die T-Limousine der Mercedes-Benz E-Klasse.

tomobil ist. Mit rund 8,7 Quadratmetern nimmt sie die gleiche Verkehrsfläche in Anspruch wie eine Kombilimousine aus dem oberen Marktsegment, bringt aber statt fünf maximal sieben Passagiere sicher und komfortabel ans Ziel.

Und die Höhe? Auch hier gibt es keine Einschränkungen. Mit dem Gesamtmaß von 1,84 Metern (ohne Dachreling) paßt die V-Klasse in herkömmliche Pkw-Garagen – und damit auch in öffentliche Parkgaragen.

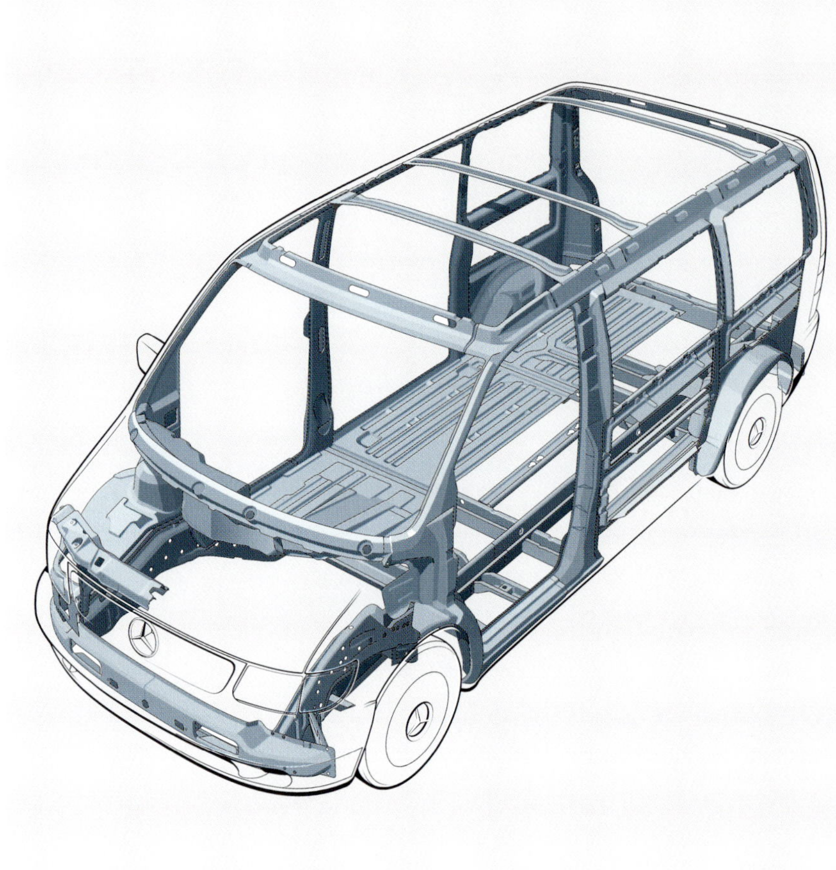

Struktur:
Die Karosserie der V-Klasse zeichnet sich durch ein hohes Maß an Stabilität aus. Die Trägerstruktur bildet das Rückgrat des Sicherheitskonzepts.

Karosserie auf solider Basis

Die selbsttragende Karosserie der V-Klasse weist alle Qualitätsmerkmale der Marke Mercedes-Benz auf: Sicherheit, Festigkeit, Haltbarkeit und gute Aerodynamik. Ein Unterbau mit Bodenblech, Quer- und Längsträgern bildet die solide Basis des Aufbaus und dient gleichzeitig zur Befestigung aller Aggregate und Bauteile wie Hinterachsaufhängung, Kraftstoffbehälter, Abgasanlage, Ersatzradhalter und verschiedener Leitungen. In die gerippeartige Struktur des Bodenblechs sind spezielle Befestigungsplatten integriert, die den Einzelsitzen im Innenraum der V-Klasse sicheren Halt bieten. Da die Großraum-Limousine mit einem quer eingebauten Motor und Frontantrieb ausgerüstet ist, bilden Stirnwand und Fahrzeugboden im Zusammenbau eine geschlossene Einheit – auf den normalerweise üblichen Motortunnel können die Ingenieure bei diesem Mercedes-Modell verzichten.

Die Seitenwände bestehen aus einem Stück und werden bei der Rohbaumontage in einem Arbeitsgang mit dem Unterbau verbunden. Um auch beim Einsatz von Schiebetüren auf der linken und der rechten Seite der Karosserie ein Höchstmaß an Festigkeit zu erzielen, führten die Karosserieentwickler umfangreiche Computersimulationen durch. Sie erfolgten nach dem Prinzip der sogenannten „Worst-case"-Untersuchungen, bei denen die Mercedes-Ingenieure die besonders extremen Belastungen des Autoalltags simulieren. Dazu gehört beispielsweise die Fahrt über Schotterstraßen und Feldwege. Insgesamt 17 wichtige Detailbereiche der Karosserie haben die Fachleute auf diese Weise analysiert und am Computer-Bildschirm optimiert.

Auch bei der Konstruktion der Karosserie-Anbauteile legten die Ingenieure größten Wert auf Stabilität und Funktionalität. Das beweist beispielsweise die seitliche Schiebetür, die einen fast einen Meter breiten und 1,28 Meter hohen Zugang zum Fondbereich der V-Klasse ermöglicht. Im mittleren und unteren Bereich wird die Schiebetür jeweils in einer Schiene mittels schwenkbarer Rollwagensysteme gestützt und geführt, während die obere Schiene nur die Führung der Tür übernimmt. Die Tragrollen sind mit Kunststoff verkleidet und mit einer gekapselten Kugellagerung ausgestattet, so daß sich die Tür leise öffnen und schließen läßt. Serienmäßig sind die Modelle der V-Klasse rechts mit einer seitlichen Schiebetür ausgestattet – auf Wunsch liefert Mercedes-Benz die Großraum-Limousine auch mit einer Schiebetür auf der linken Seite.

Seitenportal:
Die große Schiebetür ermöglicht den Passagieren einen bequemen Zugang zu den Einzelsitzen im Fond. Auf Wunsch läßt sich die V-Klasse auch mit einer zusätzlichen Schiebetür auf der linken Seite ausrüsten.

Während die breite Schiebetür den Fondpassagieren ein bequemes Ein- und Aussteigen ermöglicht, erleichtern die großdimensionierte Hecktür und die niedrige Ladekante (44,9 Zentimeter) das Be- und Entladen des Kofferraums. Unterhalb der geöffneten Heckklappe (Öffnungswinkel 83 Grad) können selbst großgewachsene Menschen aufrecht stehen – das sogenannte Durchgangsmaß beträgt hier immerhin rund zwei Meter. Teleskopdämpfer an der linken und rechten Seite erleichtern das Öffnen der Hecktür und halten sie geöffnet. Heckscheibenwischer und Waschanlage gehören ebenfalls zur Ausstattung der Hecktür. Das Waschwasser strömt mittels Pumpenkraft aus dem Wasserbehälter im Motorraum nach hinten und verteilt sich mit Hilfe einer Vierfach-Spritzdüse über die Heckscheibe. Die Heizdrähte der Heckscheibenheizung sind so angeordnet, daß auch der Heckwischer beheizt wird. Dadurch ist im Winter ein festgefrorenes Wischerblatt nach kurzer Zeit wieder einsatzbereit.

Die Scheibenwischer an der Frontscheibe der V-Klasse arbeiten nach dem Gleichlaufsystem mit überlappenden Wischfeldern. Durch diese Auslegung ist gewährleistet, daß der Wischer auf der Beifahrerseite nicht das direkte Sichtfeld des Fahrers beeinträchtigt. Ein weiterer Vorteil ist die Zufuhr des Waschwassers mittels Schlauch direkt an die Wischblätter, so daß eine optimale Verteilung des Waschwassers unmittelbar vor dem Wischerblatt gewährleistet ist. Dadurch entfällt der sekundenlange „Blindflug", der oft zwischen dem Einsprühen der Scheibe und dem nachfolgenden Wischen eintritt. Immerhin: Eine Sekunde ohne Sicht entspricht bei Autobahntempo 150 km/h einem zurückgelegten Weg von rund 42 Metern.

Praxis-Tip

Kosmetik für den Autolack

Wer lange Freude an seinem neuen Automobil haben möchte, wäscht es regelmäßig, egal, ob per Hand oder in einer automatischen Waschanlage. Achten Sie bei der Handwäsche auf ein mildes Shampoo, und sparen Sie nicht an Wasser. Je mehr, desto besser. Auf keinen Fall sollten Sie Ihr Fahrzeug in der prallen Sonne waschen - auch die Motorhaube sollte abgekühlt sein. In Waschanlagen sollten Hochdruckstrahler nur zur Vorreinigung eingesetzt werden, nicht aber zur Beseitigung von Insektenresten. In jedem Fall sollten Sie den Wagen nach der Wäsche trockenledern, um unschöne Wasserflecken zu vermeiden. Insektenreste, Teerflecken und Vogelkot (die Säure kann für häßliche Ausbleichungen am Lack sorgen) nach der Autowäsche mit speziellen Reinigungsmitteln aus dem Sortiment Ihrer Mercedes-Werkstatt entfernen. Eine zusätzliche Pflege mit Polish und Glanzkonservierer im Abstand von drei bis sechs Monaten erhält den Glanz und schützt den Lack durch einen feinen Wachsüberzug. Übrigens: Auch die lackierten Stoßfänger oder Außenspiegelgehäuse bedürfen regelmäßiger Pflege und Behandlung mit Glanzkonservierer. Ungeschützter Lack ist einfach zu erkennen: Wenn das Wasser bei Regenfahrt oder bei der Autowäsche nicht mehr abperlt, sondern große Wasserflächen bildet, sollte man zu Polierwatte, Polish und Glanzkonservierer greifen.

Für die Autopflege hat Mercedes-Benz ein Sortiment hochwertiger Reinigungs- und Pflegemittel zusammengestellt, das in allen Niederlassungen und Werkstätten der Stuttgarter Automarke erhältlich ist. Der praktische Koffer enthält Autoshampoo, Polish, Glanzkonservierer, Insektenentferner, Autoschwamm und Pflegetuch.

Glasdächer vorn und hinten

Dachluken:
Die Führungsschienen der beiden gläsernen Schiebedächer befinden sich auf dem Dach.

Luft und Licht - diese beiden Grundvoraussetzungen für eine angenehme Innenraumatmosphäre lassen sich bei der V-Klasse mit Hilfe speziell entwickelter Glasdächer noch weiter optimieren. Die Großraum-Limousine bietet die Möglichkeit, gleich zwei solcher Dachöffnungen einzubauen - im vorderen Bereich oberhalb von Fahrer und Beifahrer sowie im Fondabteil. Das Hebedach besteht aus vier Millimeter starkem, grün getönten Sicherheitsglas mit Rasterdruck und läßt sich stufenlos bis zu einer Höhe von fast neun Zentimetern ausstellen. Noch komfortabler ist das elektrisch betätigte gläserne Schiebe-/Hebedach für den Front- und Fondbereich, dessen Führungsschienen sich nicht unter der Dachhaut sondern auf dem Dach befinden. Dadurch müssen die Passagiere keine Einbußen bei der Kopffreiheit in Kauf nehmen. Strahlt die Sonne zu stark durch das grüngetönte Glas mit Rasterdruck, läßt es sich mit Hilfe eines Schiebehimmels abdecken.

Serienmäßig sind auf dem Wagendach in Längsrichtung zwei Strangpreßprofile mit C-förmigem Querschnitt montiert, die zur Aufnahme eines leicht montierbaren Trägersystems dienen. Der Vorteil dieser C-Schienen besteht darin, daß sie nur etwa fünf Millimeter über das Dach hinausragen und damit die Garagentauglichkeit der Großraum-Limousine praktisch nicht einschränken. Auf Wunsch liefert Mercedes-Benz anstelle der C-Schienen eine festangebaute Dachreling, für die ebenfalls ein spezielles Trägersystem lieferbar ist (siehe auch Seite 26/27). Mit Dachreling beträgt die Gesamthöhe der V-Klasse rund 1,87 Meter.

Praxis-Tip

Klare Sicht nach Steinschlag

Frontscheiben, die durch Rollsplitt oder Steinschlag beschädigt werden, lassen sich seit kurzem kostengünstig reparieren. Mercedes-Benz hat ein Verfahren entwickelt, mit dem die durch Steinschlag verursachten Krater, Löcher oder Risse im Glas dauerhaft wieder verschlossen werden können. Dies geschieht mit Hilfe eines speziellen Kunststoffs, der keinerlei Spuren hinterläßt. Mit anderen Worten: Die Scheibenreparatur beeinträchtigt den Durchblick des Autofahrers nicht - die Klebestellen sind mit bloßem Auge nicht zu erkennen.

Ein weiterer Vorteil der neuen Methode ist ihr Preis: Nur rund 145 Mark berechnen die Niederlassungen und Vertragspartner der Marke Mercedes-Benz für die Reparatur einer Pkw-Windschutzscheibe.

Teamarbeit im Windkanal

Der günstige Luftwiderstandsbeiwert der V-Klasse von 0,34 beweist, daß gute Aerodynamik keine Frage der Karosseriegröße ist. Das Ergebnis war möglich, weil Designer und Aerodynamikingenieure von Anfang an eng zusammenarbeiteten und stets um die Suche nach bestmöglichen Detaillösungen bemüht waren. So begann die V-Klasse ihren aerodynamischen Entwicklungsprozeß buchstäblich von klein auf: mit Modellen im Maßstab 1 : 5 und 1 : 2,5, die zur Optimierung des Karosserie-Grundkörpers dienten. Ein wichtiges Kriterium war beispielsweise die Gestaltung des Frontbereichs, dessen ablösefreie Umströmung eine wichtige Voraussetzung für geringen Luftwiderstand ist. Mit dem harmonisch in die Karosserie integrierten großflächigen Stoßfänger, der stark geneigten Windschutzscheibe und den aerodynamisch geformten A-Säulen wird dieses Ziel erreicht. Zugleich erfüllt der Frontbereich der V-Klasse auch die Anforderungen der Motoreningenieure nach ausreichender Kühlluft für die Triebwerke. Die markanten Öffnungen im Stoßfänger sind das Ergebnis einer erfolgreichen Teamarbeit zwischen Aerodynamikern und Motorenentwicklern.

An Prototypen in Originalgröße und Vorserienmodellen untersuchten die Mercedes-Ingenieure schließlich auch das Verschmutzungsverhalten der Karosserie. Stichwort Wahrnehmungssicherheit: Außenspiegel und vordere Seitenscheiben dürfen bei Regenfahrt nur in geringem Maße verschmutzen und die Sicht des Fahrers nicht beeinträchtigen. Um diesem Anspruch gerecht zu werden, optimierten die Fachleute die Spiegelgehäuse und Spiegelsockel im Windkanal.

Scheinwerfer mit computerberechneter Lichtverteilung

Eine leistungsfähige Beleuchtungsanlage ist ein weiterer wichtiger Beitrag zur Verbesserung der Wahrnehmungssicherheit. Deshalb kommen in der V-Klasse von Mercedes-Benz auch auf diesem Gebiet modernste Systeme zum Einsatz: großflächige Rechteckscheinwerfer mit integrierten Nebelscheinwerfern, die nach der sogenannten Komplexflächen-Technologie kon-

Lichtblick:
In die Scheinwerfergehäuse sind neben Fern- und Abblendlicht auch die Reflektoren der Nebelscheinwerfer integriert.

Praxis-Tip

Mehr Sicht, mehr Sicherheit

Nachts verringert sich das Sehvermögen eines Autofahrers um rund 80 Prozent. Gutes Licht ist deshalb eine der wichtigsten Grundvoraussetzungen für eine sichere Nachtfahrt. Doch was nützen die besten Scheinwerfer, wenn ihre Lichtleistung durch verschmutzte Streuscheiben beeinträchtigt wird? Fachleute haben es getestet: Durch verschmutzte Scheinwerfer reduziert sich die Lichtleistung um mehr als die Hälfte. Schon nach halbstündiger Fahrt über feuchtschmutzige Straßen nimmt die Lichtleistung der Scheinwerfer um über 60 Prozent ab. Also: Regelmäßig die Scheinwerfer und Rücklichter des Autos reinigen – vor allem bei Regenwetter.

Ebenso wichtig ist es aber auch, die Leistungsfähigkeit der Augen zu überprüfen. Wer oft in der Nacht unterwegs ist, sollte vor allem die Nachtsehschärfe, das Dämmerungssehvermögen und die Blendempfindlichkeit der Augen von einem Arzt oder einem qualifizierten Optiker untersuchen lassen. Um selbst zu testen, ob man noch gut genug sieht, gibt es eine einfache Methode: Wer auf 25 Meter Entfernung das Nummernschild des vorausfahrenden Wagens nicht klar erkennen kann, hat zu schlechte Augen und sollte einen Augenarzt aufsuchen.

struiert sind. Die wichtigsten Merkmale dieser Technik sind die Trennung von Fern- und Abblendlicht sowie eine computerberechnete Reflektorgeometrie, mit der die Ingenieure eine genau definierte Lichtverteilung auf der Fahrbahn erzielen. Der eigenständige Reflektor für das Abblendlicht bietet nicht nur eine homogene, breite Ausleuchtung mit großer Reichweite, als besonderes Sicherheitselement verfügt er auch über eine Zone mit erhöhter Helligkeit. Sie sorgt dafür, daß am rechten Fahrbahnrand ein Bereich von etwa 50 bis 70 Metern besonders gut ausgeleuchtet wird. Der Autofahrer kann dadurch bei Dunkelheit Fußgänger oder Radfahrer besser erkennen.

Bei der Komplexflächen-Technologie bleibt das Abblendlicht auch bei Fernlichtbetrieb stets zugeschaltet. Den gefährlichen „Tunneleffekt“ müssen Autolenker bei eingeschaltetem Fernlicht deshalb nicht befürchten. Im Gegenteil: Die beiden weitreichenden Lichtkegel bilden somit einen ausgeprägt hellen Bereich, der sowohl bei der Ausleuchtung dreispuriger Fahrbah-

Hochdruck:
Die Scheinwerfer-Reinigungsanlage sorgt per Knopfdruck für bessere Licht- und Sichtverhältnisse.

nen als auch bei kurvigem Straßenverlauf vorteilhaft ist. Mehr noch: Weil das Abblendlicht stets eingeschaltet bleibt, verkürzt sich auch die Adaptionsphase der Augen – vor allem beim Umschalten von Fern- auf Abblendlicht. Für gute Sicht bei schlechtem Wetter sorgt die wirksame Scheinwerfer-Reinigungsanlage, die Mercedes-Benz auf Wunsch für die V-Klasse liefert.

Mikrochip im Zündschlüssel

Das Zündschloß der neuen Mercedes-Benz V-Klasse ist mit einem elektronischen Transpondersystem ausgestattet, das zur Aktivierung oder Deaktivierung der Wegfahrsperre dient. Der Transponder ist ein Mikrochip im Schlüsselgehäuse, in dessen elektronischem Gedächtnis verschiedene Datenblöcke gespeichert sind. Sobald der Autofahrer den Schlüssel im Zünd-

Praxis-Tip

Sicher durch den Nebel

Nebel gehört zu den gefährlichsten Naturereignissen auf unseren Straßen. Immer wieder passieren auf Autobahnen und Landstraßen Unfälle, weil Autofahrer im Nebel zu schnell sind. Tips für eine sichere Nebelfahrt:

- Bei Nebel sofort das Abblendlicht einschalten und den Fuß vom Gaspedal nehmen.
- Überholmanöver beenden und möglichst weit rechts fahren.
- Das Tempo der Sichtweite anpassen. Experten raten „Sicht in Metern = Geschwindigkeit in Kilometern“. Im Klartext: Bei 50 Meter Sichtweite niemals schneller als 50 km/h fahren.
- Am Fahrbahnrand oder an den Begrenzungspfosten rechts neben der Spur orientieren. Die Leitpfosten haben einen Abstand von jeweils 50 Metern.
- Niemals an den Rücklichtern des vorausfahrenden Wagens orientieren. Das kann bei plötzlichen Bremsmanövern fatale Folgen haben: Je dichter der Nebel, desto kürzer ist der Abstand zum Vordermann.
- Den Scheibenwischer regelmäßig einschalten, damit die Nebeltröpfchen auf der Frontscheibe die Sicht nicht zusätzlich verschlechtern.
- Das Nebelschlußlicht nur einschalten, wenn die Sichtweite weniger als 50 Meter beträgt. Andernfalls blendet das helle Licht nachfolgende Autofahrer.

Praxis-Tip

Hinweise für den Glühlampenwechsel

Die Lichtanlage der V-Klasse ist so konstruiert, daß sämtliche Leuchteneinheiten für einen Glühlampenwechsel leicht zugänglich sind. Trotzdem sollte man einige Hinweise unbedingt beachten:

- Grundsätzlich keine Ersatzglühlampen verwenden, deren Glas bereits verkratzt oder beschädigt ist. Sie könnten platzen.
- Glühlampen niemals mit den bloßen Fingern anfassen, sondern Seidenpapier oder ein weiches Tuch verwenden.
- Vor dem Glühlampenwechsel die Fahrzeugbeleuchtung und die Zündung ausschalten. Vorsicht: Kurzschlußgefahr.
- Hinweise zum Wechsel der verschiedenen Glühlampen stehen in der Bedienungsanleitung – unbedingt beachten.
- Die V-Klasse ist mit besonderen Glühlampen ausgerüstet, die speziell auf die Fahrzeugtechnik abgestimmt sind. Auf jeden Fall nur die Original-Glühlampen gemäß Tabelle verwenden.

Glühlampentabelle

	Glühlampentyp Sockelbezeichnung und Leistung (W)	Besonderheit
Blinklicht vorn	PY 21 W, 21 Watt	gelber Glaskolben
Zusatzblinklicht seitlich	W 5 W, 5 Watt	gelber Glaskolben
Abblendlicht Fernlicht/Nebellicht	H 1 55 W, 55 Watt H 4, 60/55 Watt	
Standlicht/Parklicht	W 5 W, 5 Watt	
Blinklicht hinten	P 21 W, 21 Watt	
Brems-, Schluß- und Parklicht	P 21/5, 21/5 Watt	
Rückfahrlicht	P 21 W, 21 Watt	
Kennzeichenbeleuchtung	C 5 W, 5 Watt	
Nebelschlußlicht	P 21 W, 21 Watt	
Dritte Bremsleuchte	T 5, 2,3 Watt	7 Leuchtdioden
Innenleuchte mit Leselicht vorn	K 12 V, 10 Watt	
Innenleuchten im Fond	K 12 V, 10 Watt	

schloß dreht, sendet das Steuergerät des Fahrberechtigungssystems ein elektrisches Signal, das ein Paßwort und die Nummer des jeweiligen Datenblocks enthält. Der Transponder empfängt diesen Code und überträgt anschließend den aufgerufenen Datenblock an das Steuergerät, wo er sofort ausgewertet wird. Stimmen die Frage- und Antwort-Codes überein, kann der Autofahrer den Motor starten. Stimmen sie nicht, bleibt der Wagen stehen. Der Datenaustausch zwischen Schlüssel und Wegfahrsperre erfolgt binnen Sekundenbruchteilen, so daß der Motor bei richtigem Code sofort anspringt.

Das neue System ist manipulationssicher, denn bei jedem Startvorgang ändert die Elektronik die Datenblöcke des Schlüsselchips. Mit dem Zufallsgenerator, der dafür zuständig ist, lassen sich über 100 Milliarden verschiedene Codes programmieren. Ein weiterer Vorteil ist die hohe Zuverlässigkeit der Transpondertechnik. Sie arbeitet ohne Batterie und ist deshalb jederzeit einsatzbereit. Der elektrische Strom für den blitzschnellen Datenaustausch wird mittels Induktion erzeugt – beim Drehen des Schlüssels im Zündschloß.

Auf die komfortable Fernbedienung für die Zentralverriegelung müssen Besitzer der V-Klasse trotzdem nicht verzichten. Sie arbeitet bei der Großraum-Limousine per Funksignal – unabhängig von der Wegfahrsperre und mit einer Reichweite von bis zu zehn Metern. In die Zentralverriegelung sind neben der Fahrer- und Beifahrertür auch die seitliche Schiebetür, die Tankklappe und die Heckklappe integriert.

Dank der sogenannten Komfortschließung, die alle Mercedes-Personenwagen auszeichnet, lassen sich die vorderen Seitenfenster, die elektrisch betätigten Ausstellfenster und die elektrisch bedienten Schiebedächer der V-Klasse beim Abschließen des Wagens mit einer Schlüsseldrehung am Türschloß schließen.

Funksignal:
Die Zentralverriegelung der V-Klasse läßt sich aus bis zu zehn Metern Entfernung bedienen. Das Aufleuchten der Blinker zeigt an, daß der Wagen ordnungsgemäß verschlossen ist.

Technik-Info Recycling: Neue Aspekte für Werkstoffauswahl und Konstruktion

Die Mercedes-Benz V-Klasse ist ein umweltverträgliches Automobil. Schon bei der Werkstoffauswahl und Konstruktion der Karosserieteile haben die Mercedes-Ingenieure an eine spätere Altautoverwertung und eine umweltgerechte Wiederverwertung der Materialien gedacht. Das bedeutet: Die Fachleute setzen im Innen- und Außenbereich untereinander verträgliche Kunststoffe auf Polyolefinbasis ein. Zu dieser Werkstoffgruppe gehören beispielsweise Polypropylen (PP) und Polyethylen (PE) – Kunststoffe, die sich durch gute Recyclingeigenschaften auszeichnen. Überdies sind diese Materialien toxisch unbedenklich, grundwasserneutral und halogenfrei. Die weitgehende Reduzierung der Werkstoffvielfalt auf die Familie der Polyolefine ist ein wichtiger Schritt, das Kunststoffrecycling logistisch zu erleichtern und den Sortieraufwand bei der Altautoverwertung zu verringern. Insgesamt lassen sich rund 92 Prozent der Wert- und Betriebsstoffe der Großraum-Limousine mit den heute gängigen Verfahren stofflich wiederverwerten, für weitere 5,2 Prozent ist das Recycling technisch möglich. Recyclingrelevante Karosseriekomponenten wurden von Anfang an so konstruiert, daß sie in kurzer Zeit aus dem Fahrzeug ausgebaut und zerlegt werden können. Und: Die V-Klasse ist vollständig FCKW-frei.

Wenig beanspruchte Teile im Karosseriebereich der V-Klasse läßt Mercedes-Benz von Anfang an aus Recyclingmaterial herstellen. Darüber hinaus ist eine große Anzahl von Bauteilen für den künftigen Einsatz von Sekundär-Werkstoffen geeignet. Dadurch leistet das Stuttgarter Automobilunternehmen einen wichtigen Beitrag zur Ressourcen- und Deponieschonung.

Werkstoffanteile: Hohe Recyclingquote

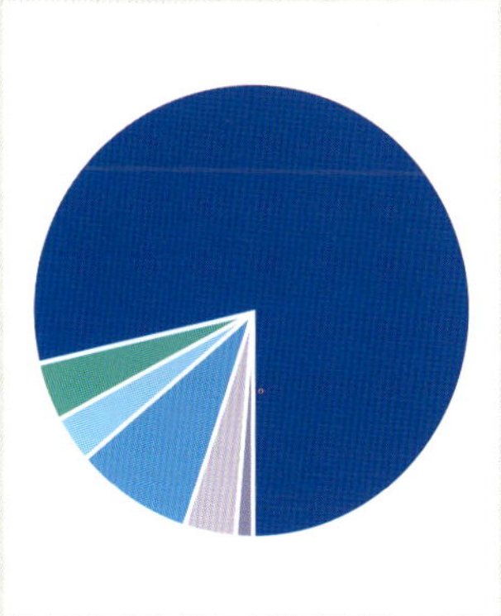

- Metalle 78,6 %
- Reifen 4,2 %
- Glas 3,4 %
- Kunststoffe 8,7 %
- Andere rohstofflich verwertbare Materialien 3,8 %
- Sonstige Werkstoffe 1,3 %

Mit einer aufwendig konstruierten Vorbaustruktur bietet die V-Klasse ein Optimum an Unfallsicherheit. Der Crashtest gegen die deformierbare Barriere ergab, daß die Belastungswerte der Insassen weit unter den Grenzwerten liegen.

Hart im Nehmen

Die V-Klasse stellte die Mercedes-Ingenieure bei der Sicherheitsentwicklung vor neue Herausforderungen. Denn: In der Großraum-Limousine steht konzeptbedingt eine geringere Deformationslänge zur Verfügung als bei einem herkömmlichen Personenwagen – Fahrer und Beifahrer sitzen weit vorne und haben deshalb beim Frontalcrash einen geringeren Abstand zum Aufprallort als die Insassen in Limousinen mit konventioneller Karosserie-Konzeption.

Trotzdem: Die Mercedes-Ingenieure entwickelten eine Sicherheits-Fahrgastzelle, die allen aktuellen Anforderungen entspricht. Die Insassen der V-Klasse sind deshalb beim Unfall ebenso gut geschützt wie die Passagiere anderer Mercedes-Modelle. Das beweisen die Ergebnisse zahlreicher Computersimulationen und Crashtests. Beispiele:

- Beim Seitencrash sind Fahrer und Beifahrer der Mercedes-Benz V-Klasse bereits durch ihre erhöhte Sitzposition gut geschützt. Die stabilen Querträger unter dem Fahrzeugboden erhöhen die Steifigkeit der Karosserie und halten die Belastungen der Insassen und die Verformungen der Karosserie gering. Fahrer- und Beifahrertür der Großraum-Limousine sind zusätzlich verstärkt. Außerdem wirkt das Trägerelement der Fensterheber beim Crash als stabile Brücke zwischen A- und B-Säule.
- Das Ergebnis des Frontalaufpralls mit 50 km/h und 100prozentiger Überdeckung war ebenfalls sehr zufriedenstellend. Die Belastungswerte der Insassen blieben deutlich unter den derzeit gültigen Grenzwerten. Auch am Kinder-Dummy, der im Fond auf einem Kindersitz angeschnallt war, registrierten die Meßsensoren nur relativ geringe Belastungswerte.
- Auch den neuesten Crashtest im Mercedes-Sicherheitsprogramm, bei dem Prototypen mit 56 km/h gegen die deformierbare Barriere nach Europa-Norm prallen, hat die V-Klasse mit Bravour bestanden. Diese neue Prüfdisziplin, die Mercedes-Benz in Zusammenarbeit mit internationalen Unfallforschern entwickelt hat und die ab 1998 zu den europäischen Prüfvorschriften für neue Personenwagen gehören wird, stellt die häufigste und schwerwiegendste Kollisionsart auf unseren Straßen – den Gegenverkehrsunfall – noch wirklichkeitsgetreuer als bisher dar. Bei Mercedes-Benz gehört diese Prüfdisziplin bereits seit 1995 zum Standard-Prüfprogramm für Pkw-Modelle, denn damit tragen die Ingenieure den wichtigen Aspekten Partnerschutz und Kompatibilität Rechnung. Konkret: An der deformierbaren Barriere lassen sich typische Gegenverkehrsunfälle wirklichkeitsgetreu simulieren, bei denen die Insassen kleinerer Automobile meist benachteiligt sind. Mercedes-Benz hat die Vorbaustruktur der V-Klasse deshalb mit Hilfe des neuen Prüfverfahrens so ausgelegt, daß sie beim Crash auch Energie für das gegnerische Fahrzeug abbaut und somit auch die Belastungen der Insassen kleinerer Automobile verringert. Gleichzeitig bleibt bei der Großraum-Limousine der Überlebensraum der Insassen erhalten, deren Belastungswerte unterhalb der Grenzwerte liegen.

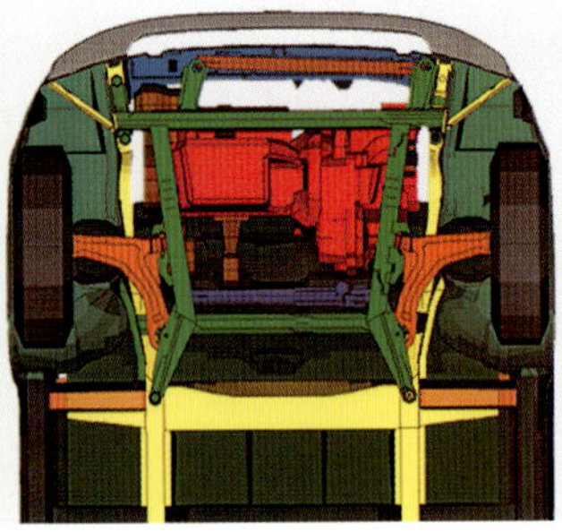

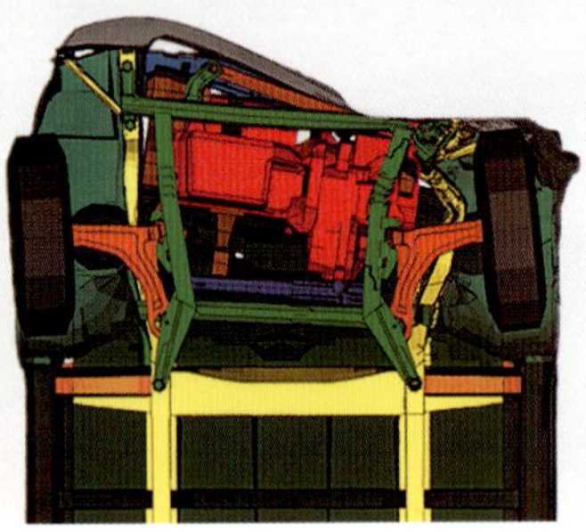

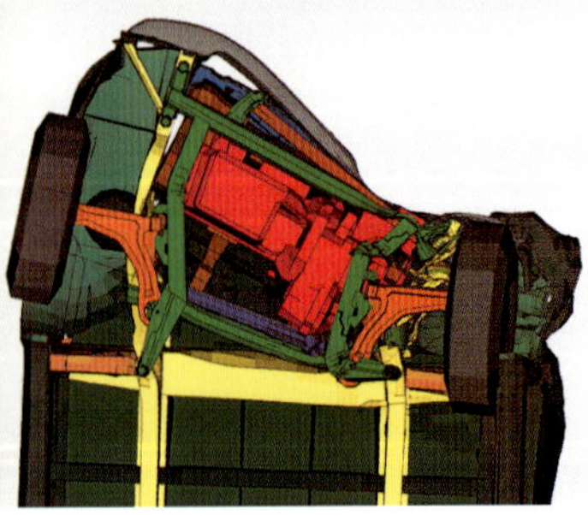

Computer-Crash: Per Simulation entwickelten die Mercedes-Ingenieure die Vorbaustruktur der V-Klasse. Stabile Längs- und Querträger dienen beim Frontaufprall zur Energieaufnahme.

Praxis-Tip

So schützt der Gurt am besten

Richtigen Schutz bietet der Sicherheitsgurt nur, wenn er richtig angelegt ist. Fachleute raten deshalb:

- Das Gurtband darf keinesfalls verdreht sein und muß eng am Körper anliegen.
- Der Beckengurt darf nicht über den Bauch, sondern muß möglichst tief übers Becken verlaufen. Sitzt der Beckengurt zu locker, rutscht der Körper bei einem Aufprall unter dem Gurt durch.
- Der Schultergurt muß diagonal über den Brustkorb verlaufen und darf nicht am Hals scheuern. Den Schultergurt nach dem Anlegen straffziehen, so daß er eng anliegt.
- Während der Fahrt keine dicken Mäntel und Jacken anziehen, denn Sie können die Schutzwirkung des Gurtes vermindern.
- Die Höheneinstellung der Kopfstützen ist dann korrekt, wenn sich deren Oberkanten in Augenhöhe befinden.
- Das Gurtband regelmäßig auf Beschädigungen überprüfen. Ist das Gewebe beschädigt, muß der Gurt ausgetauscht werden.
- Nach einem schweren Unfall sollte der Sicherheitsgurt erneuert werden, weil sich sein Dehnungsverhalten verschlechtert haben könnte.

Vorbaustruktur mit drei Ebenen

Eigenschutz und Partnerschutz – um diese wichtigen Anforderungen zu erfüllen, entwickelte Mercedes-Benz für die V-Klasse eine besonders homogene Vorbaustruktur, die zu den besonderen Sicherheitsmerkmalen der Großraum-Limousine zählt. Dieser Vorbau besteht aus insgesamt drei Ebenen: Im unteren Bereich nimmt der Achs-/Motor Schemel Energie auf, im mittleren Teil übernehmen die Längsträger und die Biegeträger der Stoßfänger die Aufgabe, während der dritte Bereich aus der oberen Längsträgerebene besteht. Alle Ebenen des Vorbaus beinhalten zusätzliche biegesteife Querträger und sind untereinander verbunden.

Ihre sicherheitstechnischen Qualitäten stellt die V-Klasse aber auch bei kleineren Karambolagen unter Beweis. Hier ging es den Ingenieuren vor allem darum, die Kosten der Unfallreparatur gering zu halten. Die wirklichkeitsgetreue Simulation von Front- und Heckkollisionen mit einer Geschwindigkeit von 15 km/h zeigt, daß die Zone des Achs-/Motor-Schemels unbeschädigt bleibt, so daß eine kostengünstige Abschnittsreparatur – ohne den Ausbau von Motor und Fahrwerk – möglich ist. Aufgrund dieser kundenfreundlichen Konstruktion stufen die Kaskoversicherer die Mercedes-Benz V-Klasse bei der Vollkaskoversicherung in die günstige Typklasse 18 ein.

Neben den Crashversuchen mit kompletten Prototypen oder Modellen aus der Vorserie fand auch eine Vielzahl von Komponententests statt. Dabei mußten vor allem die neuartigen Einzelsitze der V-Klasse ihre sicherheitstechnischen Qualitäten unter Beweis stellen. Übrigens: Die Lehnen der Fondsitze lassen sich nur aufrichten, wenn das Sitzgestell korrekt im Boden verriegelt ist. Auf diese Weise verhindern die Sicherheitsingenieure der V-Klasse, daß sich der Sitz beim Crash losreißt und samt Passagier nach vorne schleudert. Auch die in die Sitze integrierten Gurte und Gurtbefestigungspunkte setzten die Sindelfinger Fachleute weitaus höheren Belastungen aus, als es das Gesetz verlangt, und verzeichneten gute Testergebnisse. Gleiches gilt für den Schutz der Insassen vor Gepäckstücken, die beim Unfall nach vorne rutschen können.

Integralsystem:
Die Einzelsitze im Fond sind mit Automatikgurt, Gurtschloß und Kopfstütze ausgestattet.

Einzelsitze mit integriertem Gurtsystem

Dank der innovativen Einzelsitze mit integrierten Automatikgurten und Kopfstützen müssen die Passagiere im Fond der V-Klasse auf die Sicherheitsgurte oder die Gurtverankerungspunkte keine Rücksicht nehmen – beides befindet sich im Sitz. Das ist nicht nur besonders praktisch, sondern auch besonders sicher: Fondpassagiere können die Dreipunkt-Automatikgurte in jeder Sitzstellung anlegen und sind somit jederzeit durch ein optimal geführtes Gurtband und richtig positionierte Gurtschlösser geschützt – auch bei Vis-à-vis-Anordnung der Fondsitze. Noch besser: Wie die Ergebnisse von Crashversuchen im Mercedes-Entwicklungszentrum zeigen, ist die Sitzposition entgegen der Fahrtrichtung vor allem für kleine Passagiere besonders vorteilhaft. Sie sitzen dadurch nämlich in der empfehlenswerten „Reboard"-Position, die Kindern beim Frontalaufprall zusätzlichen Schutz bietet. Trotzdem gilt natürlich auch in der V-Klasse: Babys und Kinder bis zu zwölf Jahren oder einer Körpergröße von weniger als 1,50 Meter müssen während der Fahrt auf geprüften und mit ECE-Typzeichen (ECE R 44) gekennzeichneten Spezialsitzen Platz nehmen (siehe auch Seite 103).

Die höheneinstellbaren Automatikgurte für die Vordersitze sind in die B-Säulen integriert. Gurtstraffer an den vorderen Sitzplätzen sind in der V-Klasse ebenso serienmäßig wie Fullsize-Airbags für Fahrer und Beifahrer.

Verankerung:
Nur wenn der Fondsitz korrekt im Fahrzeugboden verriegelt ist, läßt sich die Sitzlehne aufrichten. Dadurch ist gewährleistet, daß der Sitz stets einen festen Halt hat.

Praxis-Tip

Mehr Sicherheit für Kinder

Die Erkenntnis der Unfallforscher ist erschreckend: Nur etwa die Hälfte der kleinen Autopassagiere werden während der Fahrt in speziellen Kinder-Rückhaltesystemen gesichert. Das ist unverantwortlich und gefährlich. Welche Kräfte entstehen, wenn ein Kind bei einem Unfall vom Rücksitz nach vorne katapultiert wird, ist kaum vorstellbar: Bereits bei einer Aufprallgeschwindigkeit von 50 km/h schleudert ein nicht angeschnalltes Kind vom Rücksitz mit dem 25fachen seines Körpergewichts nach vorne. Deshalb: Kinder gehören grundsätzlich bei jeder Fahrt in einen geeigneten, mit dem ECE-Prüfzeichen R 44 gekennzeichneten Kindersitz. Gemäß internationaler Bestimmungen bietet Mercedes-Benz im Rahmen seines Zubehörprogramms crasherprobte Rückhaltesysteme für Kinder verschiedener Alters- und Gewichtsklassen an:

- Klasse 0: Für Kinder bis etwa neun Monate, die maximal zehn Kilogramm wiegen, gibt es die Schale „Baby-Safe", die entgegen der Fahrtrichtung („Reboard"-Position) befestigt wird. Das Kind sitzt also mit dem Rücken zur Fahrtrichtung, so daß sich die Halsbelastung beim Frontalaufprall deutlich verringert.
- Klasse I: Für Kleinkinder von etwa acht Monaten bis vier Jahren und mit einem Körpergewicht von neun bis 18 Kilogramm schreibt die ECE-Norm einen Sitz vor, der entweder mit Vierpunkt-Hosenträgergurten oder einem speziellen Fangtisch ausgestattet ist. Bei der von Mercedes-Benz empfohlenen Tischversion „Peggy" wird der Becken- und Bauchbereich im Falle eines Unfalls durch ein energieaufnehmendes Tischpolster großflächig abgestützt.
- Klasse II: Für Vorschulkinder zwischen drei und sieben Jahren und einem Körpergewicht von 15 bis 25 Kilogramm gibt es das Kinder-Rückhaltesystem „Vario", das mit dem Beckengurt befestigt wird. Der Fangkörper dieses Kindersitzes dient zur breitflächigen Abstützung von Becken und Bauch. Je nach Körpergröße des Kindes ist ab dreieinhalb Jahren aber auch das Sitzkissen „Toppy" geeignet, mit dessen Hilfe der kleine Mitfahrer eine erhöhte Sitzposition einnimmt. Dadurch verläuft der Schultergurt optimal – etwa in der Mitte des Schlüsselbeins. Gleichzeitig verhindert das Sitzkissen, daß der Beckengurt beim Crash in den Bauchbereich rutscht.
- Klasse III: Für Schulkinder zwischen sechs und zwölf Jahren (22 bis 36 Kilogramm), die kleiner als 1,50 Meter sind, eignet sich „Toppy" oder die etwas stärkere Version „Toppy Hilfe". Die Befestigung dieses Kinder-Rückhaltesystems erfolgt grundsätzlich mit dem Dreipunktgurt.

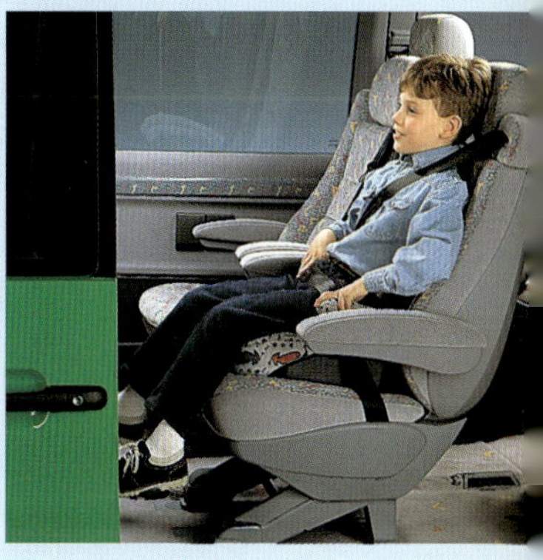

Innenraum

Große Klasse

In der V-Klasse von Mercedes-Benz wird das Autofahren zu einem neuen Erlebnis. Dafür sorgen vor allem die komfortablen Einzelsitze im Fond, die sich auch während der Fahrt in Vis-à-vis-Position anordnen lassen.

In den schönsten Wochen des Jahres darf es an nichts fehlen: Fahrrad, Surfbrett, Spielsachen, Schlauchboot und andere Freizeitutensilien müssen mit auf die Reise gehen, damit der Urlaub unterhaltsam und abwechslungsreich wird. Nur: Solche Mitnahmewünsche stellen manchen Familienvater vor unlösbare Platzprobleme. Wo sollen die Kinder sitzen, wenn das Fondabteil der Limousine mit der Sportausrüstung vollgepackt ist? Wohin mit den Spielsachen, wenn der Kofferraum voller Reisegepäck ist und auf dem Dachgepäckträger schon Surfbrett oder Fahrräder montiert sind?

Verwandlung:
Bei konventioneller Anordnung der Einzelsitze finden im Fond der V-Klasse bis zu fünf Passagiere Platz.

Des Rätsels Lösung lautet Großraum-Personenwagen, wobei die Betonung auf den Wörtern „groß“ und „Raum“ liegen sollte. Die V-Klasse von Mercedes-Benz bietet beides: innere Größe und Raum zum Leben – auch während der Fahrt. Das wissen vor allem kleine Mitfahrer zu schätzen. Ihnen steht im Fond der Großraum-Limousine ein fast vier Quadratmeter großes „Spielzimmer“ zur Verfügung, in dem das Autofahren auch für kleine Passagiere zum Vergnügen wird. Dafür sorgen nicht nur die multifunktionalen Einzelsitze, die sich in verschiedenen Positionen anordnen lassen, sondern auch der praktische Klapptisch zwischen den Fondsitzen, der eine ideale Spielfläche darstellt. Während Papa den Wagen ans Urlaubsziel steuert, können die Kinder mit der Mutti im Fond Karten spielen, malen oder gemeinsam Märchenbücher anschauen. So ist unterwegs stets für Abwechslung gesorgt, und selbst längere Autotouren vergehen für die kleinen Mitfahrer wie im Fluge. Übrigens: Eine kleine Sammlung mit interessanten Brettspielen ist in der Modellvariante Fashion der V-Klasse ebenso an Bord wie die praktischen Halterungen in den hinteren Seitenverkleidungen, die als sichere Abstellfläche für Getränkedosen oder Trinkbecher dienen.

Familiengerechte Maßkonzeption

Über einen Mangel an Bewegungsfreiheit und Komfort können sich die Insassen der neuen V-Klasse wahrlich nicht beklagen. Das beweisen die folgenden Zahlen:

- Der Kopfraum für Fahrer und Beifahrer mißt 1003 Millimeter – deutlich mehr als in anderen Großraum-Limousinen.
- Bei Vis-à-vis-Sitzanordnung im Fond beträgt der Abstand zwischen den Passagieren 1270 Millimeter (von Rückenlehne zu Rückenlehne) – genug, um es sich richtig bequem zu machen. Zwischen dem Fahrer-/Beifahrersitz und den vorderen Fondsitzen ist bei Vis-à-vis-Position noch genügend Platz, um beispielsweise zwei Reisekoffer mittlerer Größe abzustellen. Das entsprechende Raumvolumen nach VDA-Meßmethode beträgt 262 Liter.
- Der Kopfraum für die Mitfahrer im Fond mißt in der vordersten Reihe je nach Sitzstellung 1033 Millimeter und in der hinteren Sitzreihe 994 Millimeter – das ist ebenfalls Gardemaß.

Technik-Info Raumangebot: Viel Platz für Kind und Kegel

Die V-Klasse von Mercedes-Benz zählt zu den geräumigsten und vielseitigsten Automobilen ihrer Klasse. Dank der einzigartigen Einzelsitze läßt sich das Raumvolumen des Fondabteils beliebig variieren und an den jeweiligen Transportbedarf anpassen. Die Dimensionen und das Ladevolumen des Fondraums der V-Klasse im Überblick:

Fondraummaße und Ladevolumen

Position im Fond	Fondraummaße (Länge x Breite, mm)*	Ladevolumen nach VDA-Meßmethode (l)**
Vier oder fünf Sitzplätze	660 x 1 160***	581
Zwei oder drei Sitzplätze in der ersten Fondsitzreihe; hintere Fondsitze in Transportstellung	920 x 1 160***	1 344
Kein Sitzplatz; vordere Fondsitze in Transportstellung; hintere Fondsitze ausgebaut	1 770 x 1 620	3 104
Kein Sitzplatz; vordere und hintere Fondsitze ausgebaut	2 300 x 1 620	3 406
Kein Sitzplatz; vordere und hintere Fondsitze ausgebaut	2 300 x 1 620	4 564****

*am Boden gemessen; **bei Beladung bis zur obersten Kante der Fahrer-/Beifahrer-Rückenlehne; ***zwischen den Radkästen; ****bei dachhoher Beladung

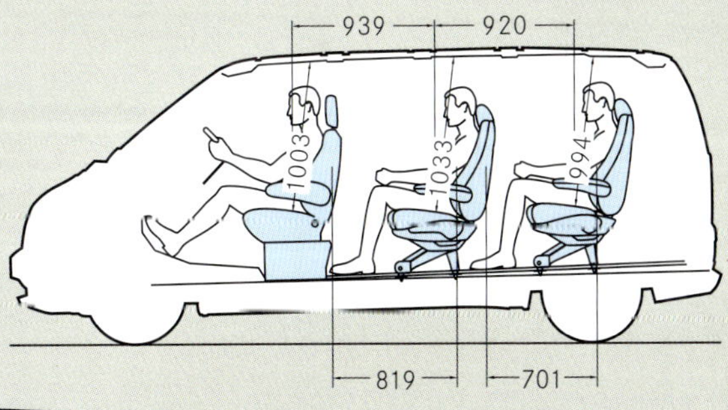

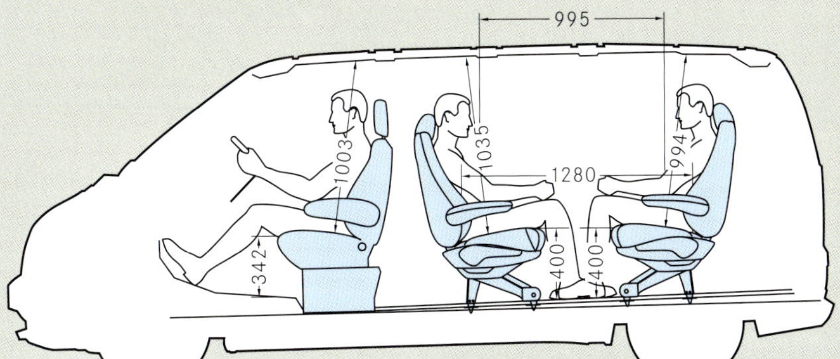

Technik-Info Variabilität: Vielseitige Möglichkeiten

Bei der Sitzanordnung im Fond der V-Klasse sind der Phantasie fast keine Grenzen gesetzt. Dank ihrer Variabilität zählt die Großraum-Limousine zu den geräumigsten und vielseitigsten Automobilen ihrer Klasse. In dem komfortabel ausgestatteten Innenraum finden bis zu sieben Passagiere auf bequemen Einzelsitzen Platz. Ihnen steht zusätzlich ein Gepäckraumvolumen von 581 Litern (VDA-Meßmethode) zur Verfügung – genug für die Unterbringung von acht Reisekoffern und zwei Kleidersäcken. Die Grafiken zeigen, welche vielseitigen Möglichkeiten das Mercedes-Modell im Fond bietet:

Vis-à-vis: Zwei Einzelsitze pro Reihe (serienmäßige Auslieferung ab Werk).

Zwei plus eins: Zwei Einzelsitze in der ersten Reihe, ein Sitz hinten links oder rechts.

Zwei plus zwei: Zwei Einzelsitze pro Reihe in Fahrtrichtung.

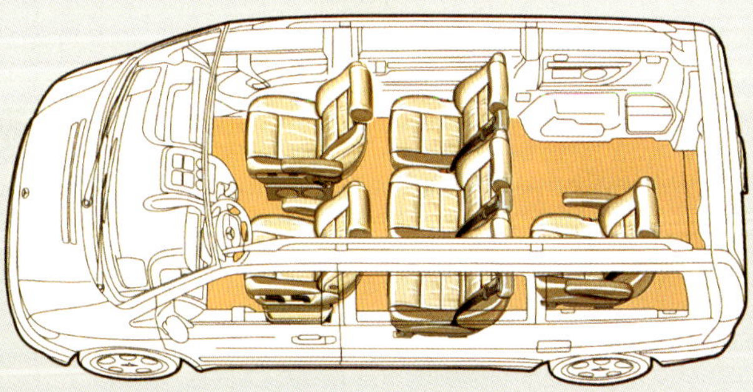

Drei plus eins: Drei Einzelsitze in der ersten Reihe, ein Sitz hinten links oder rechts.

Drei plus eins: Drei Einzelsitze in der ersten Reihe, einer hinten in der Mitte.

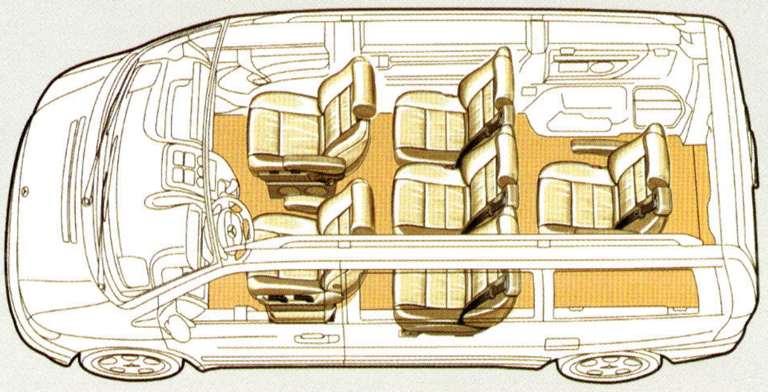

Drei plus zwei: Fünf Einzelsitze im Fond (Sonderausstattung).

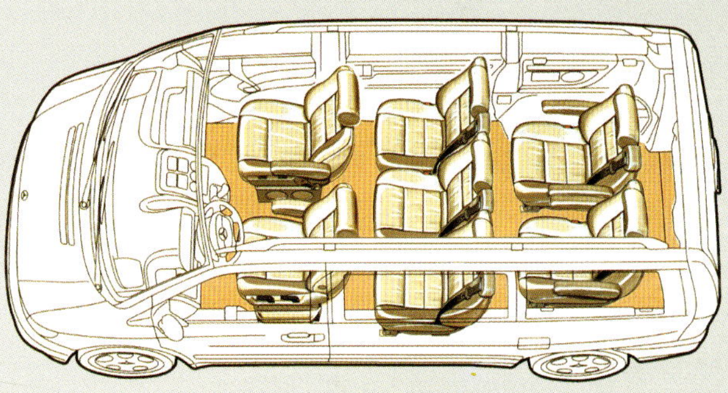

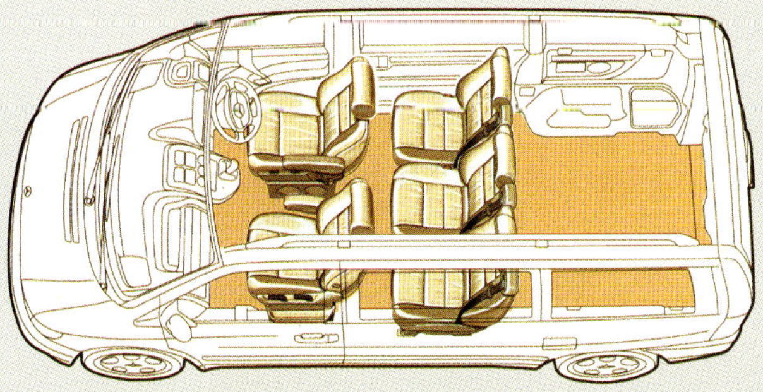

Drei plus null: Drei Einzelsitze in erster Reihe, kein Sitz im hinteren Bereich.

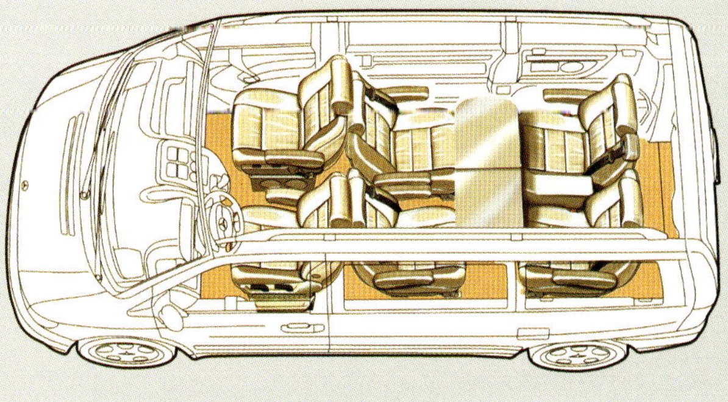

Vis-à-vis mit Tisch: Zwei Einzelsitze pro Reihe, Klapptisch zwischen den Fondsitzreihen (serienmäßige Ausstattung der Modelle Fashion und Ambiente).

Fondabteil:
In dieser Sitzanordnung fährt die V-Klasse von den Montagelinien.

Abstellfläche:
Der Tisch besteht aus zwei Hälften, die sich einzeln oder zusammen ausklappen lassen (oben). Zum Ausbau der Tischkonsole genügt es, eine Befestigungsschraube am Boden zu lösen (unten).

Variabilität durch Einzelsitze

Im Mittelpunkt des variablen Innenraumkonzepts der V-Klasse stehen die sechs serienmäßigen Einzelsitze, die nicht nur mehr Komfort, sondern vor allem auch mehr Sicherheit als die in dieser Fahrzeugklasse üblichen Sitzbänke bieten. Mit ihren seitlichen Armlehnen, den zweifach einstellbaren Rückenlehnen und den integrierten Kopfstützen ähneln die Sitze bequemen Flugzeugsesseln im Business-Class-Format. Immerhin: Die Sitzkissenlänge beträgt 460 Millimeter.

An die Ausstattung einer Flugzeugkabine erinnert auch die Technik des zweiflügeligen Klapptischs, der bei den Lines Fashion und Ambiente serienmäßig eingebaut ist. Er verbirgt sich in einer Konsole zwischen den Fondsitzen der letzten Sitzreihe, deren oberer Deckel zugleich als Armlehne dient. Öffnet man den Deckel, lassen sich die beiden stabilen Tischplatten einzeln oder zusammen ausklappen. Das funktioniert allerdings nur bei Vis-à-vis-Bestuhlung, denn andernfalls würde der Tisch an die Rückenlehnen der vorderen Fondsitze anstoßen. Der Deckel des Tischsockels läßt sich wieder schließen und behält somit auch bei aufgestelltem Tisch seine Funktion als Armlehne.

Platz für sieben Passagiere und acht Koffer

Trotz Einzelsitzen, Tisch und anderer nützlicher Details bietet der Fondbereich der V-Klasse genügend Platz für Gepäck, Spielsachen und Freizeitgerät – selbst wenn alle Sitzplätze an Bord der Großraum-Limousine besetzt sind.

Technik-Info Einzelsitze: Umbau mit wenigen Handgriffen

Die Fondsitze der V-Klasse verfügen jeweils über einen integrierten Dreipunkt-Automatikgurt, eine zweifach verstellbare Rückenlehne (Normalstellung und Relaxposition), eine schwenk- und höheneinstellbare Kopfstütze sowie zwei Armlehnen, die sich mit wenigen Handgriffen abnehmen lassen. Jeder Sitz ist mit Hilfe zweier Hebel an der Rückseite der Lehnen klappbar, demontierbar und um 180 Grad umsteckbar. Eine intelligente Technik sorgt dafür, daß sich die Lehne nur bei ordnungsgemäß verankertem Sitz aufstellen läßt. Um einen der Einzelsitze in die praktische Transportstellung zu bringen, muß zuerst die Sitzlehne per Griff an der Rückseite entriegelt in die Tischposition gebracht werden. Danach sollte man die Kopfstütze bis zur vorletzten Raststellung herausziehen und anschließend den zweiten Entriegelungsgriff an der Lehnenrückseite ziehen. Jetzt schwenkt der Sitz vor und faltet sich zusammen. In der Transportposition läßt sich der Sitz auch vollständig herausnehmen. Dazu müssen die beiden rotgefärbten Hebel an den Sitzfüßen nach oben gezogen werden, so daß die Bodenverankerung entriegelt wird.

Die serienmäßige Sitzanordnung im Fondbereich erfolgt in zwei Reihen, wobei die Sitze gegenüberliegend (vis-à-vis) angeordnet sind. Die erste Fondsitzreihe kann auf Wunsch um einen Sitz erweitert werden. Dies ist aus Platzgründen allerdings nur bei Sitzposition in Fahrtrichtung und ohne Einsatz der Armlehnen möglich.

Sitzlehne vorklappen und in Tischposition bringen.

Entriegelungsgriff ziehen und Sitz nach vorne ziehen, so daß er sich zusammenfaltet.

Nach dem Lösen der Hebel an den Sitzfüßen läßt sich der Sitz aus der Bodenverankerung nehmen.

Die Variabilität ist in der Praxis freilich noch weitaus größer, als es die Ergebnisse genormter Meßverfahren ausdrücken. Trotzdem: Auch diese Zahlenangaben können sich bei der V-Klasse sehen lassen, denn sie zeigen, in welche neuen Dimensionen der Raumökonomie Mercedes-Benz vorstößt. Denn: Mit einem Kofferraumvolumen von 581 Litern (VDA-Meßverfahren), das bei Besetzung aller Sitzplätze zur Verfügung steht, bietet die V-Klasse das größte Gepäckraumangebot dieser Fahrzeugklasse. Was dieses Fassungsvermögen in der Praxis bedeutet, zeigt das Ergebnis eines Beladungstests: fünf große Reisekoffer mit einer Größe von 750 x 550 x 180 Millimetern, (Länge x Breite x Höhe) plus drei kleine Koffer mit den Maßen 510 x 410 x 180 Millimeter plus zwei Kleidersäcke der Größe 570 x 1 120 x 90 Millimeter.

Auch bei der Messung des Ladevolumens beweist die V-Klasse Größe: Mit einem Fassungsvermögen von 3 406 Litern (nach der VDA-Meßmethode bei Beladung bis zur Oberkante der Fahrer-Rückenlehne) zählt die Großraum-Limousine von Mercedes-Benz zu den geräumigsten Fahrzeugen ihrer Klasse. Bei dachhoher Beladung des Fahrgastraums beträgt das Ladevolumen sogar 4 564 Liter (VDA-Meßverfahren). Und wenn beispielsweise einer der hinteren Einzelsitze zusammengefaltet und in die praktische Transportstellung gebracht wird, finden im Innenraum sogar Kinderfahrrad oder Tretauto Platz. Dann steht nämlich ein Laderaum von 920 mal 1 160 Millimetern (Länge x Breite) zur Verfügung.

Laderaum:
Mit einem Fassungsvermögen von bis zu 4 564 Litern stellt die V-Klasse ihre innere Größe eindrucksvoll unter Beweis. Im Fond ist genügend Platz für das Reisegepäck einer ganzen Familie.

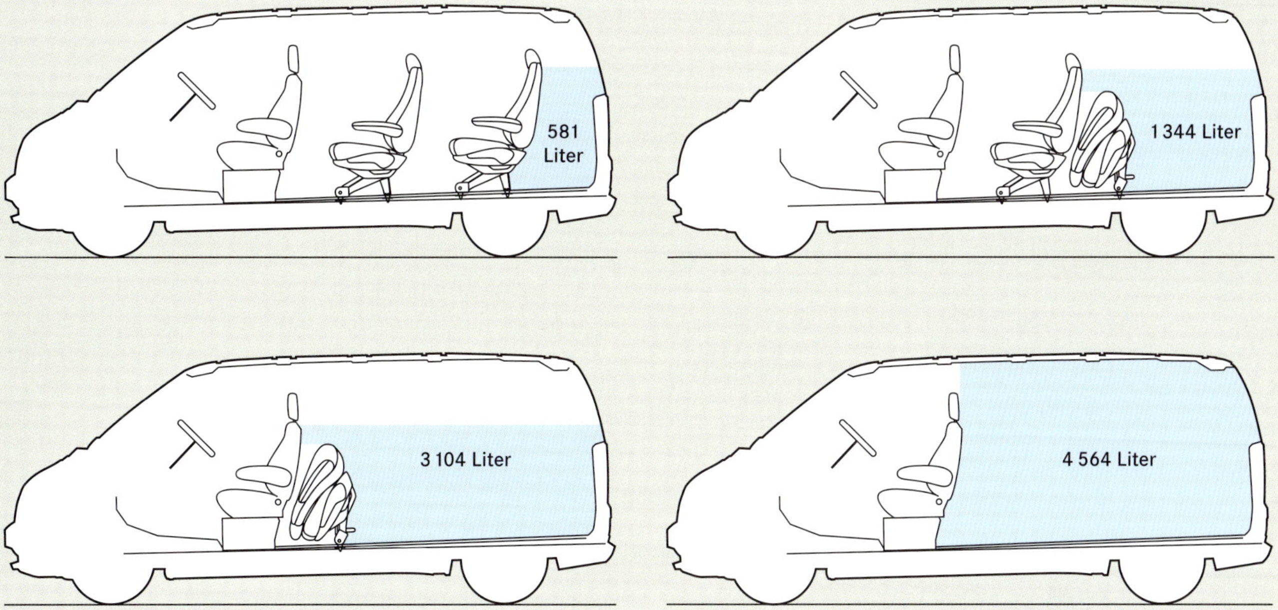

Variationen:
Das Gepäckraumvolumen läßt sich beliebig vergrößern – von 581 bis maximal 4 564 Liter.

Für zusätzlichen Komfort sorgen eine Reihe nützlicher Details, die für den hinteren Fahrgastraum der V-Klasse lieferbar sind:

- Kühlbox: Sie gehört zur Serienausstattung des Modells Ambiente und findet auf einem Bodenadapter hinter dem Fahrersitz ihren Platz. Auf Wunsch ist die Box ab Werk auch in den Modellen Trend und Fashion erhältlich.
- Becherhalter: Passagiere der Großraum-Limousine aus dem Hause Mercedes-Benz können ihre Getränkedosen in speziellen Halterungen an der Mittelkonsole und an den hinteren Seitenwänden abstellen.
- Leseleuchten: Im Dachhimmel des hinteren Fahrgastbereichs befinden sich insgesamt vier Leuchten.
- Wertfach: Die abschließbare Schublade unter dem linken Sitz der vorderen Fondsitzreihe ist fest mit dem Fahrzeugboden verbunden. Das Wertfach gehört zur Serienausstattung des Modells Ambiente und ist auf Wunsch auch für die beiden anderen Lines lieferbar.
- Trennetz und Gepäckraumabdeckung: Ein Sichtschutzrollo, das zwischen der ersten oder der zweiten Sitzreihe und der Heckklappe befestigt werden kann, liefert Mercedes-Benz für die V-Klasse als Sonderausstattung. Das Trennetz läßt sich in Verbindung mit dem Sichtschutzrollo am Fahrzeugboden und am Dachhimmel einhängen. Es schützt die Insassen vor dem Ladegut.

Praxis-Tip

Gepäckstücke gut sichern und richtig verteilen

Unfallforscher warnen: Durch schlecht verstaute Gepäckstücke drohen im Falle eines Unfalls zusätzliche Gefahren. Tests der Mercedes-Sicherheitsingenieure zeigen, daß die im Kofferraum eines Personenwagens untergebrachten Koffer, Taschen oder Kisten bei einem Unfall mit großer Wucht nach vorne schleudern und somit zu einem Verletzungsrisiko für die Insassen werden. Deshalb sollten Autofahrer beim Beladen des Wagens einige wichtige Sicherheitstips beachten:

- Gepäckstücke vor dem Beladen auf einer Personenwaage wiegen und die maximale Zuladungskapazität des Autos beachten. Bei den Modellen der V-Klasse können immerhin bis zu 630 Kilogramm (V 230) zugeladen werden. Dieser Wert gilt für Personen und Gepäck.
- Koffer, Taschen und andere Gepäckstücke so verteilen, daß nichts hin- und herrutschen kann. Besonders sperrige und schwere Gegenstände zusätzlich mit Spannbändern oder Gurten verzurren. Die V-Klasse ist mit speziellen Verzurrösen ausgestattet, die das sichere Befestigen der Ladung erleichtern. Zusätzliche Sicherheit bieten Gepäckraumabdekkung und Trennetz, die auf Wunsch lieferbar sind.
- Den Reifenluftdruck bei vollbeladenem Auto erhöhen (siehe auch Seite 141).
- Bei Dachtransporten die maximal zulässige Dachlast von 100 Kilogramm beachten. Das Dachträgersystem ist ein Teil der Ladung – sein Gewicht muß deshalb ebenfalls berücksichtigt werden.

Ebenso wichtig: Autourlauber, die mit vollbeladenem Wagen in die Ferien starten, sollten sich vorher mit dessen veränderten Fahreigenschaften vertraut machen. So reagieren beispielsweise Lenkung und Bremse anders als im normalgewichtigen Zustand. Vorsicht: Der Bremsweg eines beladenen Autos fällt deutlich länger aus. Und mit vollbeladenem Dachgepäckträger verändert sich die Seitenwindempfindlichkeit des Wagens. Deshalb ist an Waldschneisen oder auf Brücken besondere Vorsicht geboten.

Sicherheitsmaßnahmen: Stabile Verzurrösen (unten) im Boden des Gepäckraums ermöglichen das sichere Befestigen der Ladung. Das Trennetz (rechts) läßt sich an verschiedenen Stellen des Fondraums einhängen.

Drehbare Sitze für Fahrer und Beifahrer

Ebenso wie die Fondsitze bieten auch Fahrer- und Beifahrersitz der V-Klasse vielseitige Einstellmöglichkeiten. Dafür sorgen beispielsweise die stufenlose Neigungsverstellung der Lehnen (bis 45 Grad), die Höhen- und Sitzkissenneigungsverstellung sowie der große Verstellweg in Längsrichtung, der 210 Millimeter mißt. Darüber hinaus sind die vorderen Sitze mit manuell oder elektrisch einstellbaren Lordosenstützen, stoffbezogenen Kopfstützen und jeweils einer Mittelarmlehne ausgestattet. Auf Wunsch lassen sich beide Vordersitze um 180 Grad drehen, so daß Fahrer und Beifahrer bei Pausen noch besser mit den Fondpassagieren kommunizieren können. Bei der Gestaltung der Instrumententafel gingen die Designer der V-Klasse neue Wege. Ihre Idee war es, Anzeigeinstrumente und Bedienelemente optisch voneinander zu trennen. So entstand ein Cockpit mit asymmetrischer Formgestaltung: Das mittlere Bedienfeld ragt etwas weiter in den Innenraum und bot sich somit auch zur Integration des Schalthebels an, der auf diese Weise im unmittelbaren Zugriff des Fahrers liegt und überdies den Durchgang zum Fahrgastraum nicht behindert. Im oberen Teil des Bedienfelds sind neben den Frischluftdüsen auch die Drehschalter für Heizung, Lüftung und Klimaanlage angeordnet. Darunter befinden sich Autoradio, Schalthebel, weitere Schalter und der Aschenbecher. Die Mittelkonsole beherbergt zwei ausklappbare Halter für Getränkedosen sowie verschiedene Ablagefächer.

Zentrale:
Die Gestaltung der Instrumententafel entspricht den neuesten Erkenntnissen der Ergonomie. Ein Beweis dafür ist der Schalthebel, der sich an einer besonders griffgünstigen Position im mittleren Bedienfeld befindet.

Cockpit:
Übersichtliche Rundinstrumente informieren den Fahrer über Drehzahl, Geschwindigkeit, Kühlmitteltemperatur und Tankinhalt.

Alle Informationen auf einen Blick

Das Kombiinstrument zeichnet sich durch mercedestypische Übersichtlichkeit aus. Die Skalen von Tachometer, Drehzahlmesser, Tank- und Kühlmitteltemperaturanzeige werden mit Hilfe der Durchlichttechnik gleichmäßig und schattenfrei beleuchtet. Die darunterliegenden roten und gelben Kontrolleuchten machen nur beim Starten des Motors oder bei einer Störung auf sich aufmerksam. Die Schalter für Blinker, Abblend-, Fern- und Parklicht befinden sich an der Lenksäule. Die Bedienung von Scheibenwischer, Scheibenwaschanlage, Heckwischer, Blinker und Lichthupe erfolgt über einen Multifunktionshebel rechts an der Lenksäule. Auf der rechten Seite der Instrumentenanlage finden im oberen Bereich der serienmäßige Beifahrer-Airbag und eine offene Ablagefläche für Kleinteile Platz. Darunter läßt sich der Handschuhkasten öffnen.

Praxis-Tip

Sonnenschutz fürs Auge

Die Sonnenbrille ist im Sommer eines der wichtigsten Hilfsmittel, um sicher Auto zu fahren. Sie schützt das Auge nicht nur vor Blendung, sie sorgt auch für optimale Sehleistung. Die Sehschärfe ist nämlich von den jeweiligen Lichtverhältnissen abhängig: Dunkelheit trübt den Blick ebenso wie strahlendes Sonnenlicht. Deshalb ist die getönte Brille so wichtig: Sie korrigiert die Helligkeit auf einen fürs Auge optimalen Wert und sorgt damit für ungetrübten Durchblick. Außerdem schützt die Sonnenbrille vor den schädlichen Ultraviolett(UV)-Strahlen der Sonne. Die richtige Brille wirkt gegen diese Strahlen wie Sonnencreme für die Haut.

Doch längst nicht jede Sonnenbrille erfüllt diese Aufgaben. Billigprodukte, die Supermärkte oder Tankstellen schon für rund zehn Mark anbieten, besitzen oft noch nicht einmal einen UV-Filter. Sie sind nichts anderes als farbige Folien und mit hochwertigen Gläsern überhaupt nicht vergleichbar. Billigbrillen schaden dem Auge oft mehr als gar kein gläserner Sonnenschutz. Denn: Hinter den dunklen Folien erweitern sich die Pupillen, und die UV-Strahlen dringen ungehindert bis ins Innere des Auges vor.

Augenschutz:
Nur qualitativ hochwertige Brillen mit eingebautem UV-Filter schützen die Augen vor den Strahlen der Sonne.

Praxis-Tip

Kinder im Auto

Ein Spielzimmer auf Rädern – so wünschen sich viele Kinder Papas Auto. Platz für Teddy, Tretmobil und jede Menge Spielzeug muß es bieten, denn solche und viele andere liebgewonnenen Dinge dürfen freilich auch beim Wochenendausflug oder im Urlaub nicht fehlen. Kein Problem in der V-Klasse: Die Großraum-Limousine bietet genügend Platz für Passagiere und Gepäck. Doch trotz kindgerechter Autoausstattung sollten Eltern ihren Sprößlingen keine stundenlangen Nonstoptouren zumuten. Regelmäßige Pausen mit kleinen Spielen oder einem kurzen Spaziergang an der frischen Luft machen das Autofahren für Kinder erträglicher. Fachleute raten, spätestens alle eineinhalb Stunden einmal anzuhalten und für mindestens fünf Minuten Pause im Freien zu machen. Weitere Tips für die Autotour mit Kindern:

- Vor und während der Fahrt nur leicht verdauliche Speisen (Obst, Kekse, Joghurt) essen.
- Babys und Kinder bis zu zwölf Jahren müssen während der Fahrt auf geprüften und mit ECE-Typzeichen (ECE R 44) gekennzeichneten Spezialsitzen Platz nehmen. Babyschalen grundsätzlich entgegen der Fahrtrichtung montieren. Bei der Installation der Kindersitze nur die zulässigen Gurtsysteme verwenden und darauf achten, daß die Gurte straffsitzen. Die Haltegurte der Kinder dürfen nicht verdreht oder vertauscht sein (siehe auch Seite 103).
- Die Kinder sollen möglichst hoch sitzen, so daß sie aus dem Fenster sehen können.
- Während der Fahrt für ausreichende Frischluftzufuhr ins Wageninnere sorgen.
- Im Sommer auch im Auto auf guten Sonnenschutz achten.
- Gleichmäßig fahren.
- Unterwegs durch Spiele, Malbücher oder Hörspielcassetten für die Unterhaltung der kleinen Passagiere sorgen.

Praxis-Tip

Fit auf langen Strecken

Bezüglich der Pausenregie bei längeren Autotouren lassen sich keine allgemein gültigen Regeln aufstellen. Fachleute meinen, daß es keinen Grund gibt, den Fahrrhythmus durch stures Einhalten teilweise unbegründeter und allgemein gehaltener Pausenvorschläge, wie zum Beispiel der Regel „Pro Stunde Fahrzeit fünf Minuten Pause“, unnötig zu unterbrechen. Es gibt nämlich Untersuchungen, die zeigen, daß viele Autofahrer größte Schwierigkeiten haben, nach einer Fahrtunterbrechung ihren einmal gewählten sicheren Fahrstil wiederzufinden und sich wieder in den Verkehrsfluß einzugliedern. Aber: Bei den geringsten Anzeichen von Müdigkeit, wie häufiges Gähnen, Brennen der Augen, häufiger Lidschlag oder starkes Hunger- und Durstgefühl, sollten Sie unbedingt den nächsten Rastplatz ansteuern. Legen Sie dann eine aktive Pause ein mit Gehen, Laufen, Dehnen und Strecken. Ein paar leichte Gymnastikübungen machen fit für die Weiterfahrt. Übrigens: Wer diesen Pausensport nicht mag, kann statt dessen auch einen zehnminütigen Spaziergang an der frischen Luft machen.

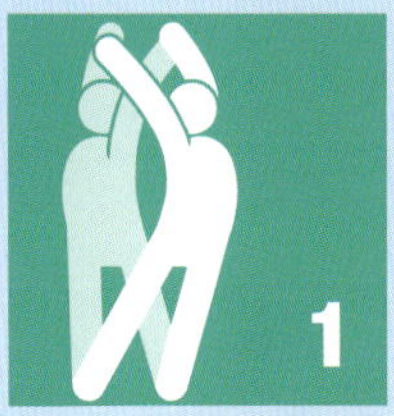

Das Recken und Strecken der Muskeln und Sehnen ist eine wichtige Lockerungsübung, die man vor der eigentlichen Pausengymnastik machen sollte.

Kopf nach links und rechts drehen, mehrmals auf die Brust absenken. Die Schultern mehrmals hintereinander anheben, wieder senken und nach vorne ziehen. Die Arme zehnmal kreisen.

Arme senkrecht über den Kopf strecken, wieder senken und den Oberkörper über die Hüfte nach vorne beugen. Die Arme einen Moment lang hängen lassen und anschließend schütteln. Wieder aufrichten, strecken und die Übung fünfmal hintereinander wiederholen.

Drei Minuten lang auf der Stelle laufen. Danach die Beine ausschütteln.

Eine altbewährte Übung, die nach wie vor fit hält: 10 bis 15 Kniebeugen.

Die Beine in den Grätschstand bringen und anschließend die Fingerspitzen zum rechten und zum linken Fuß führen. Dieses Rumpfbeugen fünfmal wiederholen.

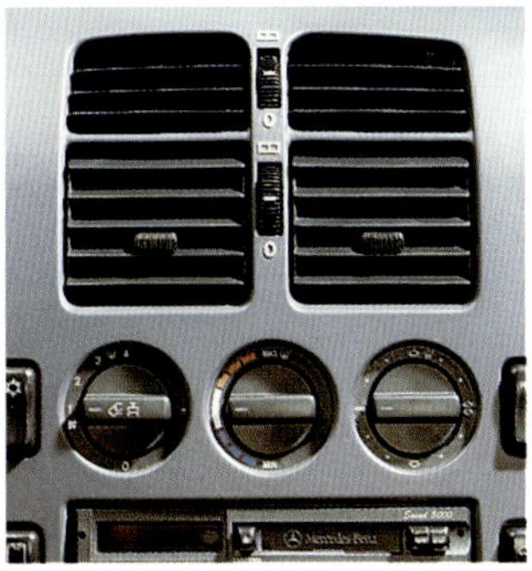

Klimazentrale:
Die Bedienung des Heizungs- und Belüftungssystems erfolgt über griffgünstige Drehschalter an der Mittelkonsole.

Luftzufuhr:
Warm- oder Kaltluft strömt über einen speziellen Luftkanal in den Fondbereich.

Schaltkonsole:
Oberhalb des Innenspiegels befinden sich die Bedienelemente für die beiden Schiebedächer und die Standheizung.

Luftkanal für die Fondpassagiere

Das leistungsfähige Heizungs- und Belüftungssystem der V-Klasse sorgt Sommer wie Winter auf allen Sitzplätzen für ein angenehmes Innenraumklima. Über einen speziellen Kanal strömt Luft in das hintere Fahrgastabteil. So ist sichergestellt, daß die Fondpassagiere im Winter nicht frieren und daß sie im Sommer genügend kühlende Frischluft erhalten. Der Luftkanal ist freilich auch an die elektronisch geregelte Klimaanlage angeschlossen, die Mercedes-Benz auf Wunsch für die V-Klasse liefert. Noch perfekter wird die Fondbelüftung durch den Einbau zweier Glasdächer, die sich stufenlos bis zu einer Höhe von 87 Millimetern ausstellen lassen, oder durch das elektrisch betätigte Schiebe-/Hebedach, dessen Führungsschienen sich auf dem Dach befinden (siehe auch Seite 89). Dank dieser Einbauposition müssen die Fondpassagiere keine Einbußen an Kopffreiheit in Kauf nehmen. Für die notwendige Frischluftzufuhr sorgen schließlich auch die beiden seitlichen Ausstellfenster im Heckbereich des Großraum-Personenwagens. Knopfdruck an der Seitenverkleidung genügt, und die Fenster öffnen sich.

Die Einstellung des Heizungs- und Belüftungssystems erfolgt über griffgünstige Drehschalter am mittleren Bedienteil der Instrumententafel. Hier lassen sich sowohl das vierstufige Gebläse als auch die Innenraumtemperatur und die Luftverteilung regeln. Mittels Tastendruck können Fahrer oder Beifahrer die serienmäßige Umluftschaltung aktivieren, die das Einströmen der Außenluft verhindert. Eine rote Kontrolleuchte erinnert daran, daß sich das System im Umluftbetrieb befindet. Serienmäßig rüstet Mercedes-Benz die V-Klasse auch mit einem Innenraumfilter aus, das die Insassen vor Staub, Pollen und Rußpartikeln schützt. Mit fast hundertprozentiger Abscheiderate hält das Filtergewebe selbst winzige Partikel bis zu einer Größe von nur 0,3 Mikrometer zurück. Der Austausch des Filtereinsatzes ist jeweils nach einem Jahr oder 30 000 Kilometern vorgesehen.

Auf Wunsch liefert Mercedes-Benz für die Großraum-Limousine eine motorunabhängige Standheizung mit elektronischem Steuergerät. Sie findet ihren Platz unter dem Karosserieboden links hinter dem Vorderrad. Das Bedienteil für diese Zusatzheizung befindet sich oberhalb des Innenspiegels und ermöglicht die Programmierung von drei Einschaltzeitpunkten in einem Zeitraum von 24 Stunden. Die maximale Heizdauer beträgt vier Stunden – nach dieser Zeit schaltet sich das Gerät selbständig ab, läßt sich danach aber jederzeit wieder auf Knopfdruck starten.

Ausstellfenster:
Die hinteren Seitenscheiben der V-Klasse lassen sich mit Hilfe von Elektromotoren öffnen – Knopfdruck genügt.

Hi-Fi-Klang aus fünf Lautsprechern

Für die V-Klasse stehen ab Werk zwei leistungsfähige Autoradios zur Verfügung: die Modelle Sound 5000 und Sound 7000. Beide sind unter anderem mit Cassettenlaufwerk, UKW-/MW- und LW-Empfangsteil, RDS-Technik, getrennter Baß-/Höhenregulierung und abnehmbarem Bedienteil ausgestattet. Der Typ Sound 7000 ist mit einem CD-Wechsler kombinierbar, der unter dem Beifahrersitz der V-Klasse seinen Platz findet. Ein Zweiwege-Lautsprechersystem sorgt für perfekten Musikgenuß. Es besteht aus zwei Zweiwege-Lautsprechern im oberen Bereich der Instrumententafel, einem Baßlautsprecher im Sitzkasten auf der Beifahrerseite und zwei Zweiwege-Lautsprechern in den Seitenverkleidungen des Fondbereichs.

Stereoanlage:
Zwei hochwertige Autoradios mit Cassettenlaufwerk stehen zur Auswahl. Ein aufwendiges Lautsprechersystem sorgt für perfekten Musikgenuß.

Praxis-Tip

Großputz im Innenraum

Alle Mitfahrer, ob Kinder oder Erwachsene, hinterlassen im Autoinnenraum ihre „Spuren“. Sie kennen das: Im Fußraum der halbe Sandkasten und ein Teil des letzten Spaziergangs. Die Eisdiele läßt von der Rücksitzbank aus schön grüßen, und der Hund hat seine Nase an der Heckscheibe plattgedrückt – von den fünf Schokoladenfingern auf der Rückenlehne des Beifahrersitzes ganz zu schweigen. In solchen Fällen ist Großputz angesagt – Tips für die Innenraumpflege und -reinigung:

- Durch Kontakt mit farbstoffabgebenden Sitzfellen oder Kleidungsstücken (zum Beispiel Veloursleder) kann sich die Polsterung verfärben. Diese Flecken lassen sich nicht mehr entfernen. Durch eine geeignete Unterlage kann die Polsterung vor einer Kontaktverfärbung geschützt werden.

Pflegemaßnahmen:
Für Ledersitze, Teppichboden und Kunststoffteile bietet Mercedes-Benz spezielle Pflege- und Reinigungsmittel an.

- Stoffpolster häufig abbürsten und absaugen. Als Reinigungsmittel MB-Autoshampoo, Polsterreiniger und – bei Bedarf – Fleckenentferner verwenden. Bei starker Verschmutzung im Trockenschaumverfahren reinigen – keine aggressiven Mittel verwenden. Das gilt auch für Dachhimmel und Hutablage.
- Lederpolster mit einem feuchten Tuch abwischen und nachtrocknen. Perforiertes Leder darf rückseitig nicht naß werden, deshalb besonders vorsichtig reinigen.
- Das Kombiinstrument mit lauwarmer Lösung (MB-Autoshampoo, neutrales Geschirrspülmittel oder Feinwaschmittel) und fusselfreiem Tuch abwischen. Keine Scheuermittel verwenden.
- Kunststoff- und Gummiteile nicht einölen oder einwachsen. Nur MB-Autoshampoo oder Kunststoffreiniger verwenden.

Die V-Klasse ist der erste Mercedes-Personenwagen mit Frontantrieb und quer eingebauten Motoren. Das ändert aber nichts am mercedes-typischen Fahrkomfort.

Motoren und Getriebe

Auf neuem Kurs

V 230
S LV 3851
S LV 3851

Wenn für die Lösung eines Problems zwei unterschiedliche, aber jeweils gleichwertig gute Argumente zur Entscheidung stehen, dann sprechen Philosophen von einem Dilemma. Automobilingenieure nennen es Zielkonflikt. Doch während Dichter und Denker schöngeistige Theorien zur Lösung ihres Dilemmas entwickeln können, haben die Fachleute in den Entwicklungsbereichen von Mercedes-Benz die Aufgabe, bei ihren weitreichenden Systementscheidungen stets handfeste Lösungen für den Alltagsverkehr zu liefern. Eine ihrer jüngsten Herausforderungen: Die Qual der Wahl des besten Motorenkonzepts für die neue V-Klasse. Einerseits: Bislang bauten die Mercedes-Ingenieure alle Pkw-Motoren stets längs zur Fahrtrichtung ein und leiteten deren Antriebskraft auf die Hinterachse. Dafür gab und gibt es gute Gründe. Die bewährte Antriebsart garantiert bei Limousinen und Roadstern ein Höchstmaß an Fahrkomfort und Laufruhe. Störende Antriebseinflüsse in der Lenkung kennen Mercedes-Kunden deshalb ebensowenig wie hakelige Schaltungen oder störende Vibrationen aus dem Antrieb. Andererseits: Um die zukunftsweisenden Dimensionen und Innenraum-Variationsmöglichkeiten der Großraum-Limousine nicht zu schmälern, müssen die Ingenieure mit jedem Zentimeter Platz für die Antriebseinheit geizen. Die Fahrzeuglänge soll so knapp wie möglich ausfallen, kein Kardantunnel den Freiraum der Passagiere trüben.

Theoretisch lag die Lösung nahe: Frontantrieb und quer eingebaute Motoren. Das praktische Problem dabei: Gleichzeitig sollten aber die konstruktionsbedingten Nachteile dieses Konzeptes weitmöglichst ausgeschaltet werden. Anders gesagt: Erfolge bei der Raumökonomie durften weder Fahrkomfort noch Laufruhe schmälern. Denn schließlich galt es, trotz des neuen Konzeptes die weltweit anerkannten Qualitätskriterien von Mercedes-Benz zu gewährleisten. Das Dilemma haben die Konstrukteure und Ingenieure überzeugend gelöst: Die Triebwerke der neuen V-Klasse werden quer

Die wichtigsten Daten und Fahrleistungen der Motoren

	V 230	V 230 TURBODIESEL
Zylinder/Hubraum (cm^3)	R 4/2 295	R 4/2 299
Ventile	16	8
Leistung (kW/PS)	105/143	72/98
Max. Drehmoment (Nm bei 1/min)	210/4 000	230/1 700-2 400
Kraftstoffverbrauch gesamt*	11,6	8,8
Höchstgeschwindigkeit (km/h)	174	155
Beschleunigung 0-100 km/h (s)	14,5	20,6

Vorläufige Angaben.
*in l/100 km nach 93/116/EG

zur Fahrtrichtung eingebaut und treiben die Vorderachse an. Dennoch bieten sie die gewohnte Laufruhe und den mercedestypischen Fahrkomfort. Diese Premiere in der Pkw-Geschichte von Mercedes-Benz wird die Epoche der längs eingebauten Motoren und des Heckantriebs aber nicht ablösen, denn deren anerkannt führende Qualitätsstandards werden auch künftig ständig verfeinert und optimiert. Doch bei einem Fahrzeugkonzept wie der V-Klasse spielt der Frontantrieb so eindeutig seine Trümpfe aus, daß die Entscheidung für dieses Antriebsprinzip nicht schwerfiel.

Schemel für Motor, Getriebe und Vorderachse

Aufgrund des Frontantriebs mit quer eingebautem Motor müssen die Motorlager gegenüber der konventionellen Bauweise vierfach höhere Reaktionskräfte aus dem Antriebsmoment aufnehmen, da sich Getriebe- und Achsübersetzung wegen der gleichgerichteten Wirkrichtung überlagern. In der V-Klasse ist das aus Motor, Getriebe und Vorderachsdifferential bestehende Antriebsaggregat deshalb mit speziellen Elastomerlagern in drei Punkten auf einem elastisch entkoppelten Achs-/Motor-Schemel ge-

Grundlage:
Motor, Getriebe und Vorderachse sind durch einen speziellen Schemel mit der Karosserie verbunden – ein Konstruktionsprinzip, das viele Vorteile bietet.

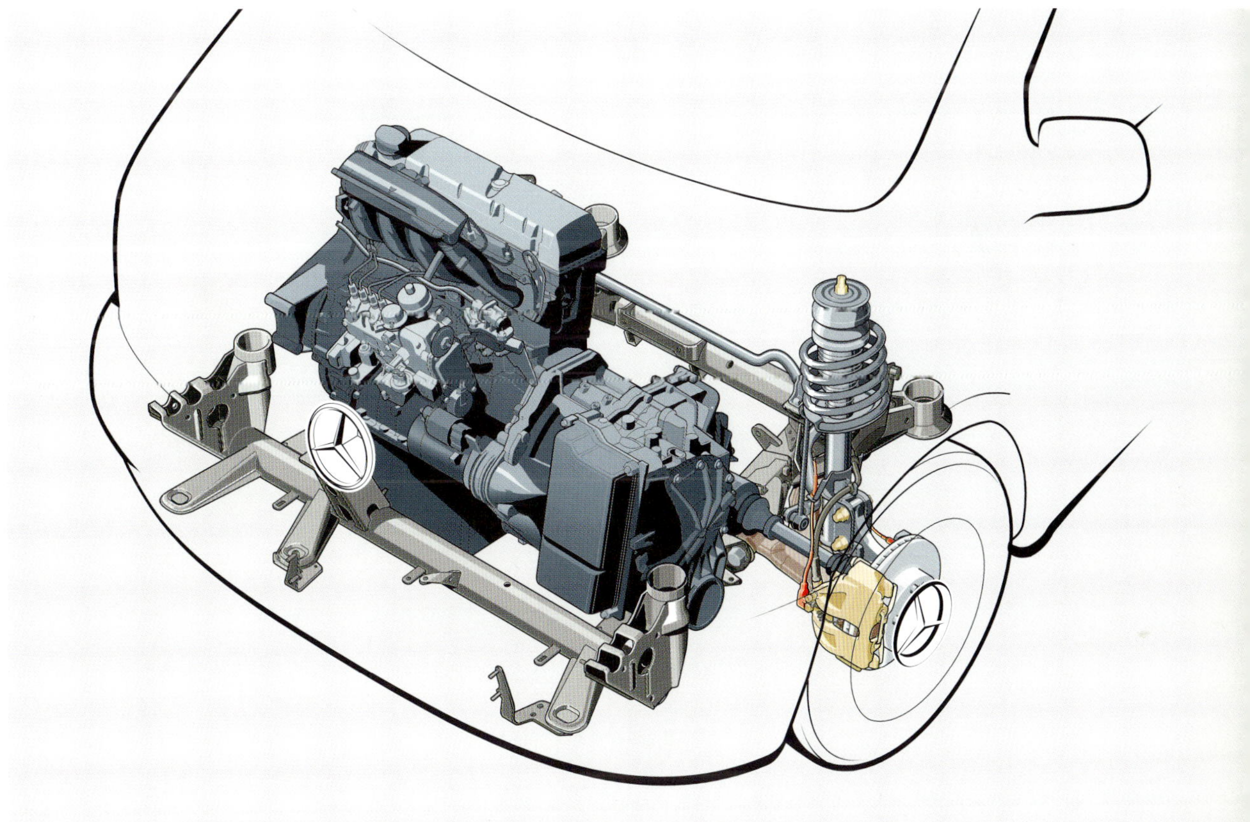

lagert. Dieses Bauteil ist in Fahrtrichtung gesehen vorne und hinten jeweils an zwei Punkten mit den Längsträgern des Unterbaus über elastische Lagerelemente verbunden, um eine maximale Geräuschisolation zwischen Triebwerk und Aufbau zu erreichen. Zusätzlich bietet der Achs-/Motor-Schemel beim Frontalaufprall ein Plus an Insassensicherheit – er nimmt Aufprallenergie auf und verhindert das crashbedingte Eindringen der Aggregate in den Fahrgastbereich.

Benziner mit 16 Ventilen und High-Tech-Elektronik

In der V-Klasse stehen für Kunden in Deutschland zwei Motoren zur Wahl, ein Benzin- und ein Dieselmotor – beide mit jeweils 2,3 Liter Hubraum. Der Benziner mit vier Zylindern hat sich bereits vielfach in den Limousinen der C- und E-Klasse bewährt. In der Großraum-Limousine leistet das Triebwerk 105 kW/143 PS und sorgt mit einem Drehmoment von 210 Newtonmetern für ein vorbildliches Durchzugsvermögen. Das entscheidende konstruktive Merkmal des Motors ist die Vierventiltechnik mit zwei obenliegenden Nok-

Benziner:
Der 2,3-Liter-Motor mit Vierventiltechnik und zwei obenliegenden Nockenwellen mobilisiert in der V-Klasse 143 Pferdestärken.

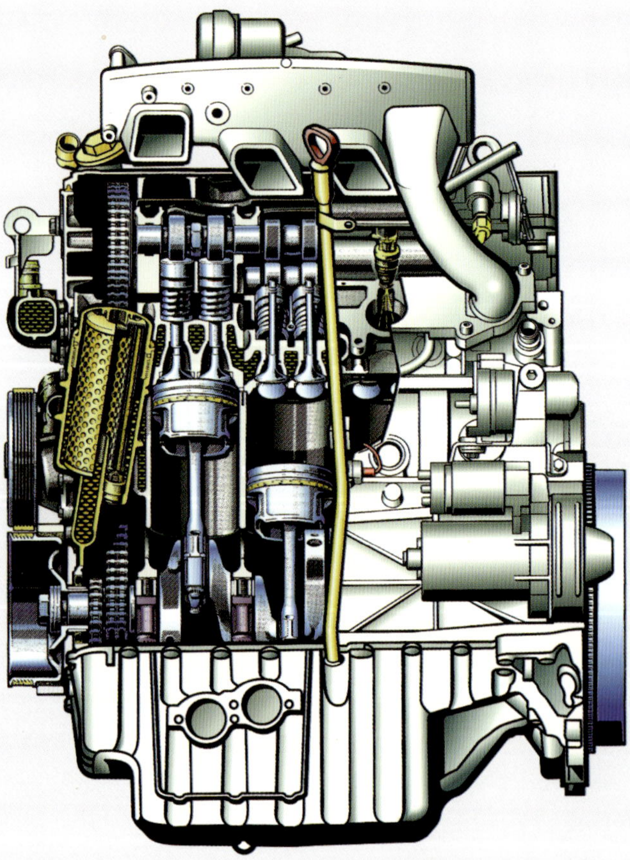

kenwellen. Jeder Zylinder besitzt somit je zwei Ein- und Auslaßventile, die in dem Leichtmetall-Zylinderkopf zu je einem Kanal zusammengeführt sind. Die Durchströmung der Einlaßkanäle mit dem Kraftstoff-Luft-Gemisch erfolgt nach dem sogenannten Querstromprinzip, das eine schnelle und gute Gemischaufbereitung sowie eine emissionsarme Verbrennung garantiert. Auch der günstige Kraftstoffverbrauch von 11,6 Litern je 100 Kilometer – gemessen im neuen europäischen Fahrzyklus – ist ein Ergebnis der modernen Ventiltechnik.

Das Motormanagement erfolgt mit Hilfe eines vollelektronischen Einspritz- und Zündsystems, der sogenannten „P-Motronic“. Sie bietet eine Reihe von Vorteilen:

- Die Erfassung der Motorlast erfolgt über die Motordrehzahl und einen im Steuergerät integrierten Drucksensor für den Saugrohrdruck.
- Das Luftmassenregelsystem besteht aus einer zentral angeordneten Drosselklappe und einem elektrischen Stellmotor, die Leerlaufdrehzahl wird direkt über den Drosselklappenwinkel geregelt.
- Die Integration aller Steuerfunktionen – das sogenannte Motormanagement – für die Einspritzung, Kennfeldzündung, Leerlaufregelung und Schutzfunktionen erfolgt im elektronischen Steuergerät. Dadurch sind ein schnelles Ansprechverhalten sowie exaktes Erfassen der Luftmasse gewährleistet, wobei die Messung unabhängig von der Dichteänderung der Luft und der Außentemperatur erfolgt. Da keinerlei bewegliche Teile vorhanden sind, bietet das System überdies eine hohe Zuverlässigkeit.
- Alle Veränderungen werden in elektrische Kenngrößen umgesetzt und dem elektronischen Steuergerät übermittelt. Auch Ansaugluft- und Kühlmitteltemperatur, Motordrehzahl, Fahrgeschwindigkeit sind wichtige Steuerungsparameter für das Motorsteuergerät.

Mercedes-Benz V 230
Leistungsdiagramm
Motor M 111 E23

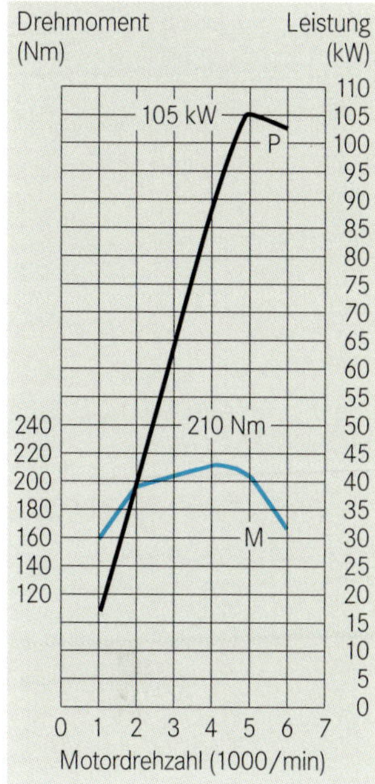

V 230:
Das maximale Drehmoment von 210 Newtonmetern steht ab 4 000/min zur Verfügung.

Technik-Info Ruhende Hochspannungsverteilung: Zündfunke mit „Nachbrenner“

Vollelektronische Zündsysteme arbeiten ohne die mechanisch rotierende Hochspannungsverteilung mit dem altbekannten „Verteilerfinger“. Statt dessen wird der Strom über eine unbewegliche, ruhende Zündspule verteilt. Den optimalen Zeitpunkt bestimmt das Steuergerät im Motormanagement. Bei der Doppelfunkenspule des V 230 arbeiten zwei Zündspulen zusammen. Deshalb blitzt es nicht nur einmal während der Verbrennung in den Zylindern, sondern zweimal. Ein Funke zündet in den Arbeitstakt, der zweite in den Auspufftakt. Der Effekt: Möglicherweise noch vorhandene zündfähige Reste des Verbrennungsgemisches werden nachträglich abgebrannt und gelangen nicht ins Abgas.

Technik-Info Ölwechsel: Von 2 000 auf 15 000 Kilometer

Moderne Motorenöle enthalten chemische Wirkstoffadditive, deren Aufgabe es ist, die Triebwerke vor Korrosion, Ablagerungen oder Schaumbildung zu schützen. Eine ganz besondere Rolle spielen dabei die sogenannten EP-Additive (Extreme Pressure), die sich aus den Elementen Zink, Phosphor und Schwefel zusammensetzen. Sie hinterlassen auf Metalloberflächen der Motorenteile einen hauchdünnen, festen Schutzfilm. Erreicht das Triebwerk eine bestimmte Druck- und Temperaturbelastung, aktivieren sich die EP-Additive, und die Schutzschicht auf den Metallteilen wird gleitfähig. Der Effekt: Sollte der Schmierfilm des Öls bei der extremen Belastung reißen, bleibt in jedem Fall die EP-Schutzschicht bestehen und verhindert den direkten Kontakt der Metallteile, der den Motor unweigerlich zerstören würde. Die Erfahrung der Motoreningenieure und Ölchemiker zeigt jedoch, daß diese wichtigen Ölkomponenten im Laufe der Zeit schlappmachen. Liegt die erste Aktivierung der EP-Additive bereits zwölf Monate zurück, ist eine einwandfreie Funktion im Reibungsbereich beweglicher Motorenbauteile nicht mehr sichergestellt.

Vor Jahrzehnten war diese Prozedur bei Mercedes-Benz noch alle 2 000 Kilometer vorgeschrieben. Dank des technischen Fortschritts bei der Motorenkonstruktion und bei der Entwicklung immer leistungsfähigerer Schmierstoffe betragen die Ölwechsel-Intervalle heute 15 000 Kilometer und sind damit fünfmal so lang wie vor 35 Jahren. Doch die Kilometerleistung eines Personenwagens ist nur ein Kriterium für den Wechsel des Motorenschmierstoffs. Der Alterungsprozeß der Öladditive hängt nämlich nicht nur von der Beanspruchung der Triebwerke ab. Im Gegenteil: Auch lange Stillstandsphasen beeinträchtigen die Wirksamkeit der EP-Komponenten, die den Motor dann nicht mehr ausreichend schützen können. Deshalb schreiben die Automobilhersteller neben dem Kilometerlimit auch eine zeitliche Begrenzung für den Motorölwechsel vor. Sie beträgt bei Mercedes-Benz zwölf Monate.

Wartungsaufwand verringert: Die Ölwechsel-Intervalle der Mercedes-Modelle

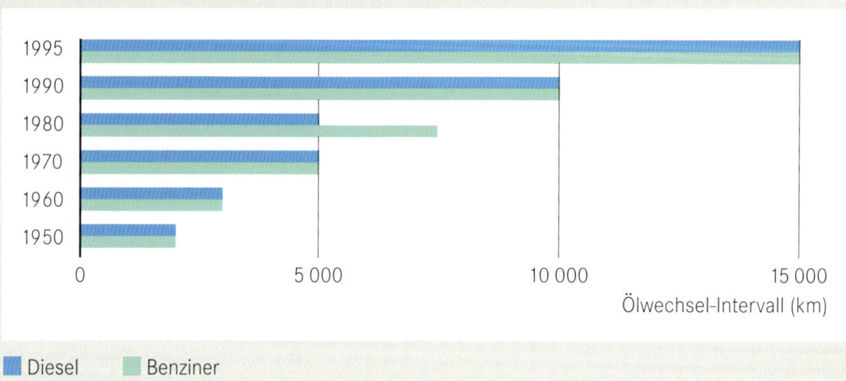

Die Steuerung der Kraftstoffventile erfolgt „gruppensequentiell". Diese Art der Kraftstoffdosierung ermöglicht vor allem im unteren, praxisnahen Drehzahlbereich eine bessere Verbrennung im „Magerbetrieb" und zugleich geringen Kraftstoffverbrauch bei geringen Schadstoffemissionen. Neu ist die „ruhende" Hochspannungsverteilung mit Doppelfunkenspulen für die Zündung. Die Vorteile: Die Zündanlage enthält keinerlei mechanische Teile und ist dadurch völlig wartungsfrei. Noch wichtiger ist freilich der automatische Katalysatorschutz: Weil die Zündanlage ständig vom Motorsteuergerät überwacht wird, erfolgt bei Störungen sofort die Einspritzabschaltung zu einzelnen Zylindern. Wenn eine Einspritzdüse fehlerhaft arbeiten sollte, gelangt kein unverbrannter Kraftstoff über die Abgasanlage in den Schadstoffwandler. Der Katalysator bleibt in jedem Fall unbeschädigt.

Eine weitere technische Besonderheit sind die neuentwickelten und patentierten „Long-Life"-Zündkerzen, die normalerweise erst nach jeweils 45 000 Kilometer Fahrstrecke ausgewechselt werden müssen. Die wichtigsten Kennzeichen dieser Zündkerzen sind die beiden Zweimassenelektroden aus einem Silber-Nickel-Faserverbundwerkstoff, der sich durch eine hervorragende Wärmeleitfähigkeit auszeichnet. Zusätzlich vermindert ein zwischen Mittelelektrode und Zündstift eingeschmolzener Widerstand den vorzeitigen Verschleiß der Elektroden.

Voraussichtlich ab Herbst 1997 bietet Mercedes-Benz für die V-Klasse auch einen Sechszylinder-Benzinmotor an. Das Triebwerk mit 2,8 Liter Hubraum stammt von Volkswagen und wird von Mercedes-Ingenieuren speziell für den Einsatz in der Großraum-Limousine angepaßt.

Durchzugskraft durch Turbolader

Der 2,3-Liter-Motor des V 230 TURBODIESEL ist neu im Pkw-Programm von Mercedes-Benz. Turboaufladung, Ladeluftkühlung und Dieselelektronik garantieren nicht nur eine hohe Durchzugskraft bei geringer Drehzahl, sondern auch einen sehr günstigen Kraftstoffverbrauch von nur 8,8 Litern je 100 Kilometer. Selbstverständlich für Mercedes-Benz: Der neue Dieselmotor erfüllt alle aktuellen Schadstoffnormen, so daß der V 230 TURBODIESEL das steuersenkende Prädikat „schadstoffarm" erhält.

Die wesentlichen Besonderheiten des Turbodieselmotors sind: obenliegende Nockenwelle, zwei Ventile pro Zylinder, Reiheneinspritzpumpe, Leichtmetall-Zylinderkopf mit Querstromprinzip, automatischer Ventilspielausgleich, Ölanspritzung mit Ölspritzdüse für Kühlung und Schmierung der Kolben, Motorölkühler, wartungsarmer Keilrippenriemen, Luftfilter mit Plattenfiltereinsatz für lange Einsatzdauer.

**Turbodiesel:
Der aufgeladene Vierzylinder-Diesel ist neu im Pkw-Programm von Mercedes-Benz. Er leistet 72 kW/98 PS.**

**Mercedes-Benz V 230 TURBODIESEL
Leistungsdiagramm
Motor OM 601 D23 LA**

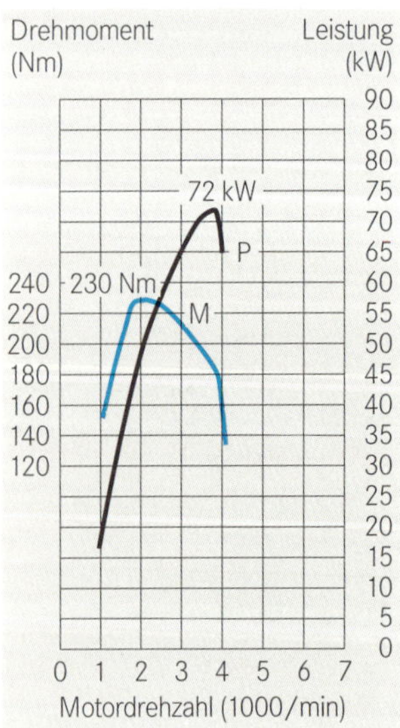

**V 230 TURBODIESEL:
Schon ab 1700/min entwickelt der Motor ein Drehmoment von 230 Newtonmetern.**

Die beachtliche Leistungsentfaltung – das maximale Drehmoment von 230 Newtonmetern steht schon ab 1700/min bereit – ist auch auf den neuentwickelten Turbolader zurückzuführen, der sich durch gute Thermodynamik, geringere Einbauabmessungen, eine verringerte Anzahl an Bauteilen und ein neuartiges Lagerungssystem mit hervorragenden Dämpfungs- und Stabilitätseigenschaften sowie verringertem Massenträgheitsmoment auszeichnet.

Ebenso wie beim Motor des V 230 haben Mikrochips auch bei der Dieselvariante der V-Klasse das Kommando. Die moderne Elektronik ermöglicht supergenaue Regeleingriffe ins Motormanagement: Sensoren und sogenannte Sollwertgeber stehen in ständigem Datenaustausch mit einem Mikroprozessor, der blitzschnell für jeden Betriebszustand die optimalen Einstelldaten errechnet. Stellglieder im Motor ändern auf Befehl des Computers alle erforderlichen Einstelldaten. Dieser Steuerungskreislauf ermöglicht beispielsweise die elektronische Leerlauf-Drehzahlregulierung. Die Einspritzmenge wird so feinfühlig und gedankenschnell angepaßt, daß der Leerlauf unabhängig von äußeren Bedingungen konstant bleibt. Ähnlich arbeitet die

Technik-Info Ladeluftkühlung: Frische Brise für bessere Verbrennung

Je mehr Luft und der darin enthaltene Sauerstoff während eines Arbeitstaktes in die Zylinder des Motors strömt, desto besser läuft die Verbrennung ab: Kraftstoffverbrauch und Abgasschadstoffe sinken, die Motorleistung steigt. Eine technische Lösung, dieses Ziel zu erreichen, ist die Turboaufladung: Ein schnelldrehendes Schaufelrad preßt mehr Luft in die Brennräume, als der Motor ohne Druckunterstützung ansaugen kann. Die Luft, so die Technikersprache, wird verdichtet. Dieser Effekt läßt sich zusätzlich steigern, wenn die Verbrennungsluft in den Zylindern kühler ankommt, als sie den Turbolader verlassen hat. Diese Aufgabe übernimmt der Ladeluftkühler. Das Prinzip dahinter: Kalte Luft braucht weniger Volumen als warme Luft. Deshalb kommt in gleicher Zeit mehr bei den Einlaßventilen an. Im Personenwagen wird die Ladeluft nicht durch eigene Kältemaschinen gekühlt, wie etwa bei Kühlschränken oder bei der Klimatisierung des Innenraums. Weil die Ladeluftkühlung meist erst bei höheren Drehzahlen wirksam wird, reicht selbst bei größter Sommerhitze der anströmende Fahrtwind. Der wird über teils aufwendig geführte Leitungen auf eine spezielle Rohrverbindung mit Kühlrippen zwischen Turbolader und Brennkammereinlaß gelenkt und sorgt dort für den wirkungsvollen Temperatursturz. Dennoch: Um die frische Brise für bessere Verbrennung auch bei geringem Tempo zu gewährleisten, baut Mercedes-Benz in den Dieselmotor der V-Klasse zusätzlich einen eigenen, automatisch gesteuerten Lüfter für den Ladeluftkühler ein.

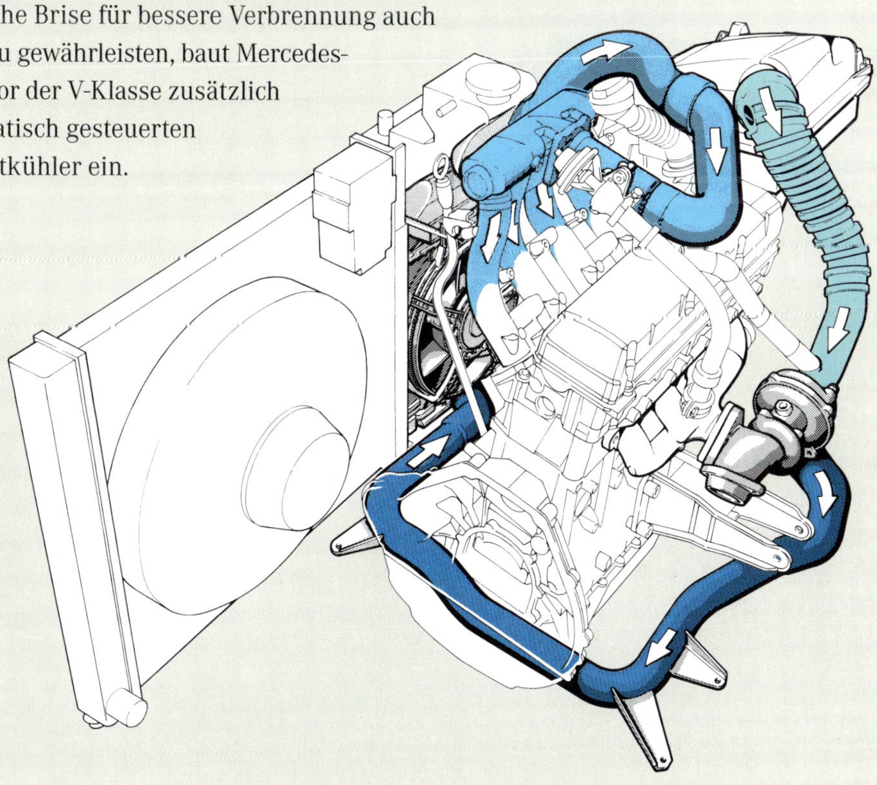

Technik-Info Abgasreinigung: Katalysatoren für Benziner und Turbodiesel

Beide Motorvarianten der V-Klasse sind mit einem Katalysator ausgestattet, der speziell auf die unterschiedlichen Antriebskonzepte abgestimmt ist:

- Beim V 230 sorgt ein geregelter Dreiwege-Katalysator für die Reinigung der Abgase. Weil das Bauteil die ovale Form einer Rennstrecke hat, bezeichnen ihn die Fachleute als „Race-Track"-Katalysator. Zusätzlich verfügt die Benzinerversion der V-Klasse über ein Kraftstoffdunst-Rückhaltesystem, das im wesentlichen aus einem Aktivkohlefilter besteht. Es adsorbiert die Kohlenwasserstoffe aus dem Kraftstoffsystem des Wagens und leitet sie während der Fahrt – je nach Betriebszustand des Motors – über ein Regenerierventil an das Triebwerk weiter, wo sie verbrannt werden. Nach dem Öffnen des Ventils regeneriert sich das Filter und ist anschließend wieder einsatzbereit.
- Beim V 230 TURBODIESEL sorgt ein Oxidationskatalysator für geringe Schadstoffemissionen. Er wandelt die Abgaskomponenten Kohlenmonoxid und Kohlenwasserstoffe durch chemische Bindung an Sauerstoff (Oxidation) um.

Spritzbeginnregelung: Nach den Vorgaben des Mikro-Computers optimiert ein elektromagnetisches Taktventil den Spritzbeginn, der wesentlichen Einfluß auf die Abgasqualität hat. Die vollelektronische Dieselregelung übernimmt auch die supergenaue Dosierung der Einspritzmenge je nach Bedarf, Tempo oder Zuladungsgewicht. Folge: Der Motor entwickelt stets die nötige Leistung, ohne dabei Kraftstoff zu vergeuden.

Damit der Turbodiesel seine Qualitäten auch bei winterlicher Kälte voll unter Beweis stellen kann, haben ihn die Mercedes-Ingenieure mit einer Kraftstoffvorwärmung ausgerüstet. Sie besteht aus einem thermostatgeregelten Wärmetauscher, der sich in der Zulaufleitung zur Einspritzpumpe befindet und mit der Heizungsanlage der V-Klasse verbunden ist. Bei Kraftstofftemperaturen von weniger als 18 Grad Celsius wird der Kraftstoff aus dem Kraftstoffbehälter vollständig durch den Wärmetauscher geführt und erwärmt. Bei Temperaturen von mehr als 18 Grad erfolgt ein Mischbetrieb. Der benötigte Kraftstoff wird dann sowohl durch den Wärmetauscher geführt als auch direkt dem Kraftstofftank entnommen. Ab 25 Grad beginnt der Thermostat, den Kraftstoffdurchlauf durch den Wärmetauscher abzuschließen, so daß der Kraftstoff dann auf direktem Wege vom Kraftstofftank in den Motor gelangt.

Fünfgang-Schaltung oder Viergang-Automatik zur Auswahl

Das serienmäßige Fünfgang-Schaltgetriebe mit integriertem Differential ist eine Neuentwicklung, bei der die Ingenieure besonderen Wert auf geringes Gewicht und kompakte Abmessungen legten. Getriebegehäuse, Kupplungsglocke, Lager- und Schaltdeckel bestehen aus Aluminium-Druckguß, so daß die Schaltbox insgesamt nur 46,5 Kilogramm auf die Waage bringt. Vom ergonomisch angeordneten Schalthebel in der Mittelkonsole werden die Schaltbefehle des Autofahrers mittels Seilzügen an das Getriebe übertragen. Die präzise, wartungsfreie Führung der Seilzüge garantiert hohe Schaltpräzision und geringe Schaltkräfte.

Auf Wunsch rollt die Mercedes-Benz V-Klasse auch mit einem Viergang-Automatikgetriebe von den Montagelinien. Schlupfgeregelte Wandler-Überbrückungskupplung sowie drei Schaltprogramme (Economy, Power und Winter) zählen zu den technischen Besonderheiten des Getriebes. Zur Sicherstellung des thermischen Haushalts wird ein zusätzlicher Getriebeölkühler eingesetzt, der in den Kühlkreislauf des Motors integriert ist.

Getriebevarianten:
Schalt- und Automatikgetriebe für die V-Klasse zeichnen sich durch kompakte Abmessungen und geringes Gewicht aus.

Präzisionsarbeit:
Das serienmäßige Fünfgang-Schaltgetriebe mit integriertem Differential ist eine Neuentwicklung.

Komfort durch Druckluft

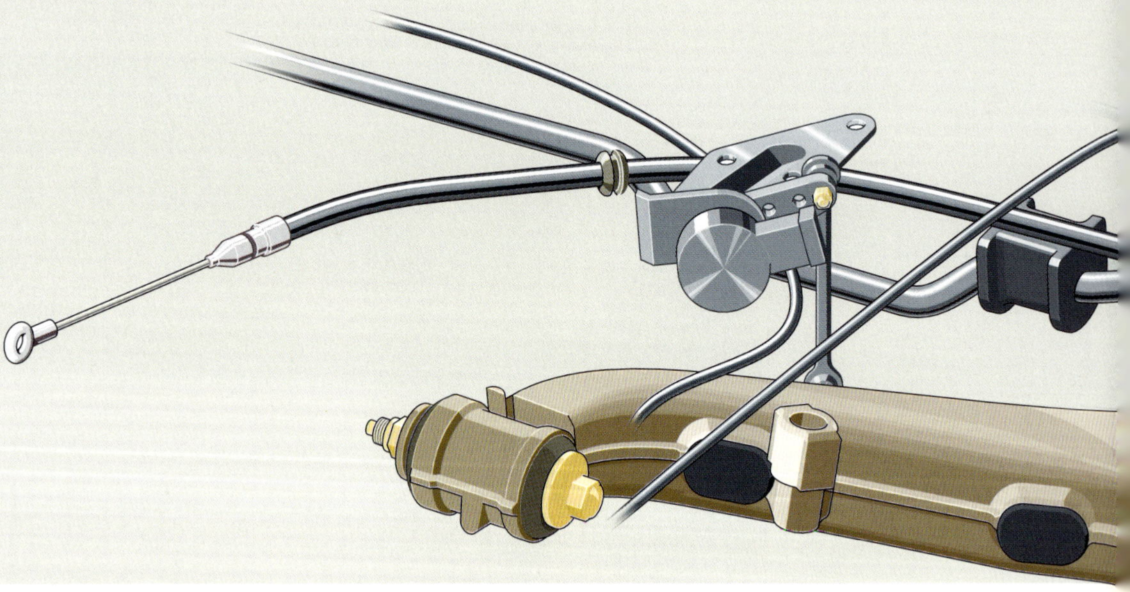

Die Hinterachse der V-Klasse ist ein technisches Meisterstück. Anstelle herkömmlicher Stahlfedern sorgen hier luftgefüllte Gummibälge für ein Höchstmaß an Fahrsicherheit und Fahrkomfort.

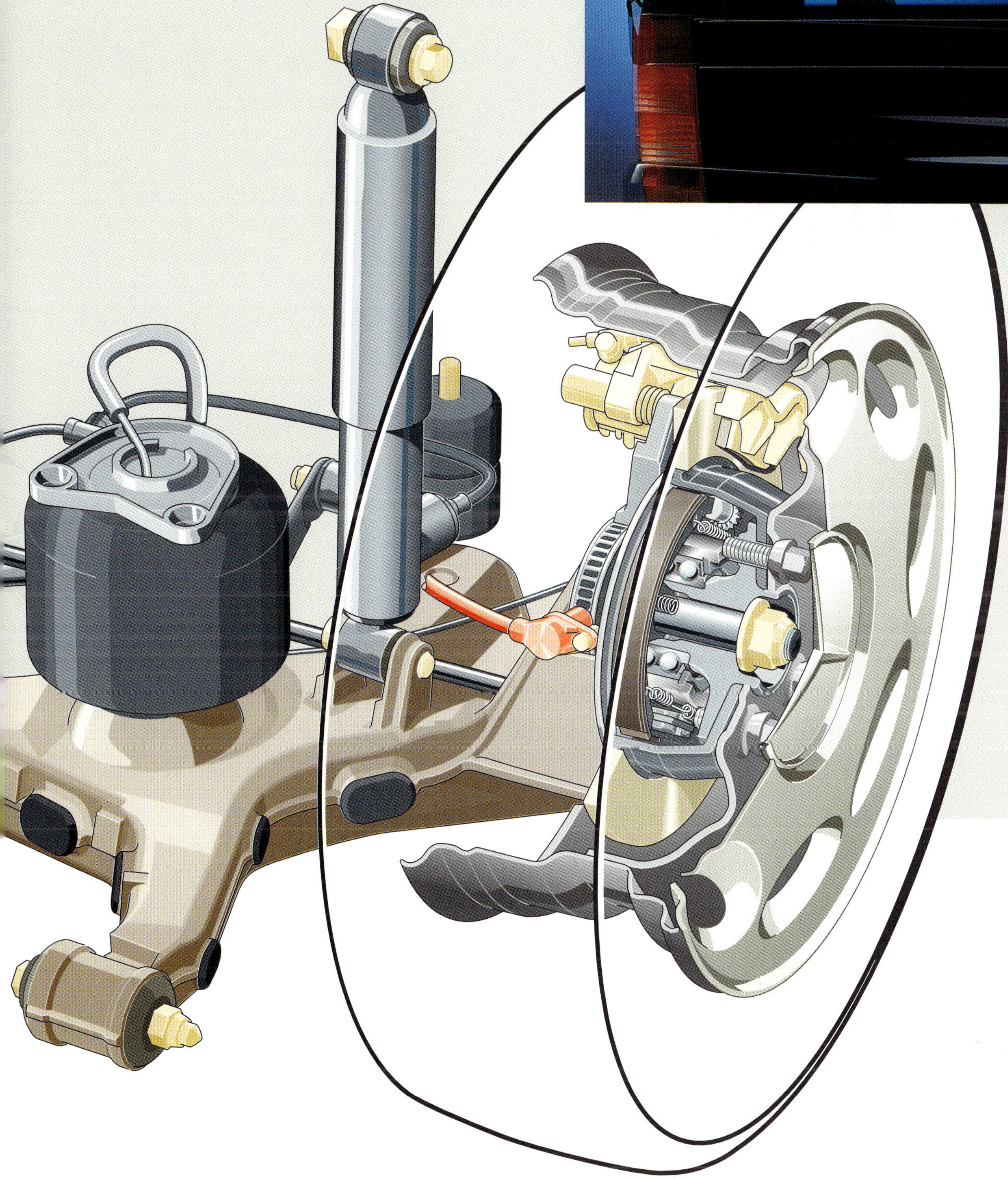

Raumangebot, Variabilität, Komfort und Sicherheit – das sind die Hauptmerkmale der Mercedes-Benz V-Klasse. Doch die neue Modellreihe hat noch mehr zu bieten – sie setzt auch auf anderem Gebiet Zeichen: Die V-Klasse ist der erste Mercedes-Personenwagen mit Frontantrieb. Motoren und Getriebe sind platzsparend quer zur Fahrtrichtung eingebaut und über einen speziellen Achs-/Motor-Schemel mit der Karosserie verbunden.

Die Entscheidung für den Frontantrieb fiel den Stuttgarter Ingenieuren nicht schwer, denn bei diesem Fahrzeugkonzept spielt dieses Antriebsprinzip eindeutig seine Trümpfe aus. Die platzsparende Unterbringung von Motor, Getriebe, Lenkung und Radaufhängung im Vorderwagen beweist es. Ein weiterer Pluspunkt ist die Tatsache, daß beim Vorderachsantrieb weder eine Gelenkwelle zur Hinterachse noch ein Differentialgehäuse im Heck notwendig sind. Dadurch konnten die Designer einen niedrigen, ebenen Fahrzeugboden mit tiefer Ladekante im Heckbereich entwickeln. Und schließlich sorgt der Frontantrieb dank des ausgewogenen Gewichtsverhältnisses zwischen Vorder- und Hinterachse (50 : 50) bei einer Großraum-Limousine wie der Mercedes-Benz V-Klasse für optimale Traktion und sicheres Fahrverhalten.

Die Vorderachse mit Einzelradaufhängung besteht jeweils aus einem McPherson-Federbein mit Dreiecklenker in gewichtsreduzierter Stahlblechkonstruktion. Die Dreiecklenker, der Stabilisator und das Lenkgetriebe bilden zusammen mit dem Achs-/Motor-Schemel eine Vormontageeinheit, die mit den Längsträgern der Vorbaustruktur verschraubt wird. Dieses moderne Konstruktionsprinzip erleichtert nicht nur die Fahrzeugmontage, es bietet überdies auch handfeste Sicherheitsvorteile: Beim Frontalcrash sorgt der Achs-/Motor-Schemel für eine optimale Krafteinleitung in den Unterbau der Karosserie und schützt somit die Fahrgastzelle (siehe auch Seite 125).

Die Achskinematik, insbesondere die Vorspuränderung beim Einfedern, haben die Mercedes-Ingenieure so auf das Eigenlenkverhalten der Hinterachse abgestimmt, daß sich die V-Klasse in jedem Beladungszustand durch ein leicht untersteuerndes bis neutrales Fahrverhalten auszeichnet. „Untersteuern“ bedeutet, daß der Fahrer den Lenkradwinkel mit steigender Querbeschleunigung kontinuierlich vergrößern muß, um eine Kurve zu umrunden. Ein solches Eigenlenkverhalten – darin sind sich die Experten einig – entspricht einem sicheren Fahrzustand und gehört deshalb unumstößlich zum Prinzip der Fahrwerksauslegung aller Mercedes-Modelle. Der an der Vorderachse der V-Klasse eingebaute Stabilisator trägt zusätzlich zum optimalen Wank- und Lenkverhalten bei.

Auch die Zahnstangenlenkung mit Servounterstützung, die bei allen Modellvarianten der V-Klasse zum serienmäßigen Lieferumfang gehört, ist ein wichtiger Beitrag zur Fahrsicherheit. Die Präzision und Leichtgängigkeit der Lenkung sorgen dafür, daß die Großraum-Limousine in jeder Situation sicher beherrschbar ist und daß sie sich ohne großen Kraftaufwand rangieren oder einparken läßt.

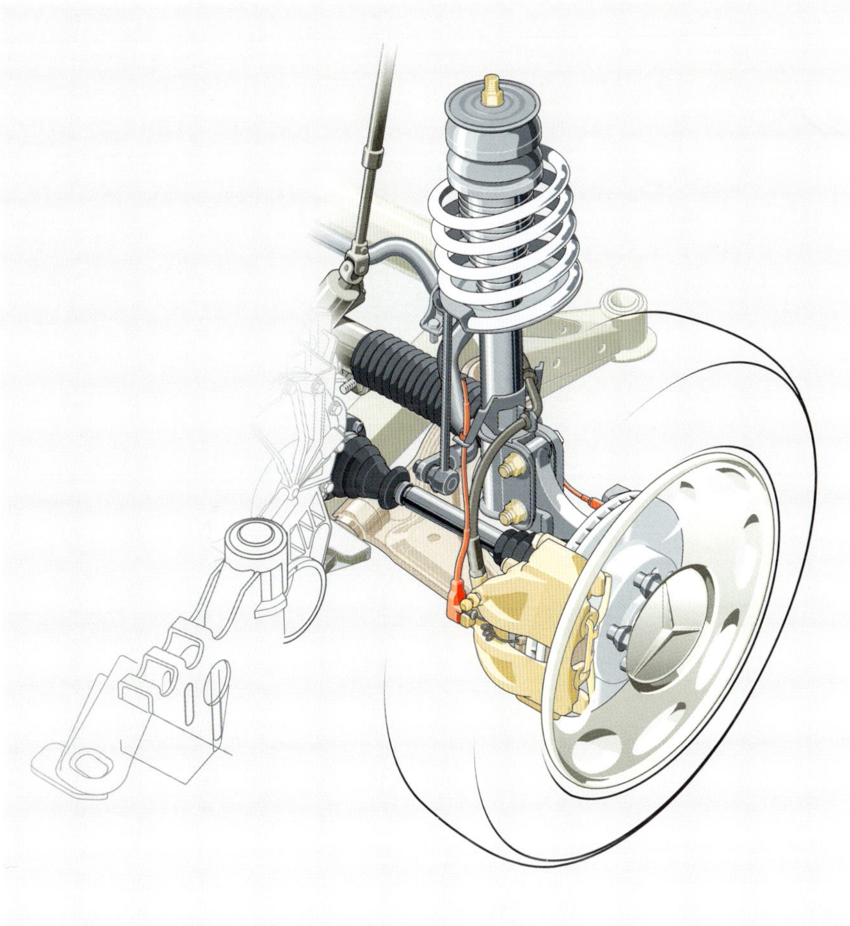

Prinzip:
An der Vorderachse setzen die Mercedes-Ingenieure Federbeine mit Dreiecklenkern ein.

Technik-Info Wendekreis: Rangieren ohne Probleme

Die Mercedes-Benz V-Klasse ist ein wendiges und verkehrsgerechtes Automobil. Der Sechs- oder Siebensitzer paßt in jede normale Parklücke und ist beim Rangieren ebenso leicht zu dirigieren wie jeder Mercedes-Personenwagen. Der Wendekreis des frontangetriebenen Großraum-Automobils beträgt nur 12,40 Meter und liegt damit geringfügig über den Werten anderer Limousinen mit dem Stern auf der Motorhaube.

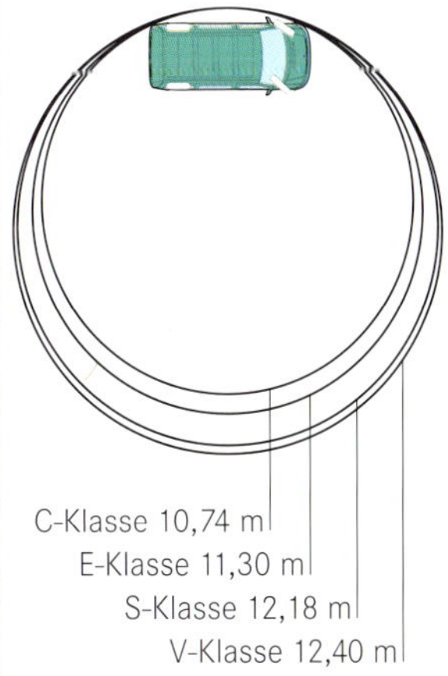

Technik-Info Servolenkung: Mechanik und Hydraulik im Zusammenspiel

Die serienmäßige Servo-Zahnstangenlenkung der V-Klasse befindet sich hinter der Vorderachse und besteht aus folgenden Bauteilen:

- Zahnstange mit außermittigem Antriebsritzel und Seitenabtrieb über Spurstangen.
- Drehstab zwischen Antriebsritzel und Drehschieber.
- Lenkgetriebe mit integriertem Hydrauliksteuerventil (Drehschieberventil) zum Druckaufbau im jeweiligen Arbeitszylinder.
- Doppelt wirkende Arbeitskolben zur Lenkungsunterstützung (Servowirkung).
- Flügelzellen-Lenkhelfpumpe.

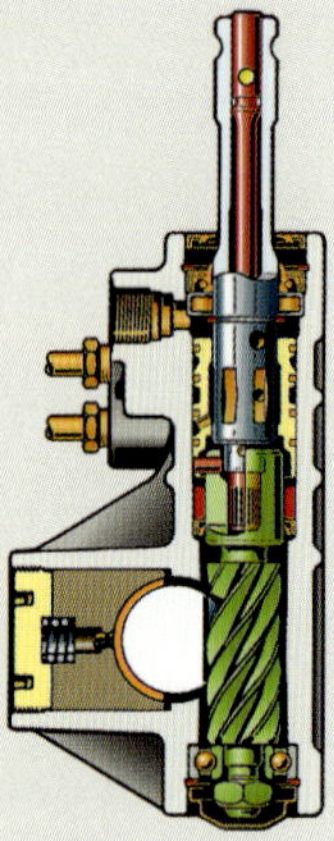

Die Lenkhelfpumpe hat ein Fördervolumen von elf Kubikzentimetern und wird mittels Keilrippenriemen – im Verbund zwischen Kurbelwelle und Generator – angetrieben. Eine wartungsfreie Spannungsvorrichtung sorgt jederzeit für eine gleichmäßige Riemenspannung. Selbst bei einem Ausfall der Servounterstützung (zum Beispiel beim Abschleppen) läßt sich die Großraum-Limousine über die mechanische Ritzelübersetzung lenken. Die Zahnstangenlenkung der V-Klasse arbeitet wartungsfrei.

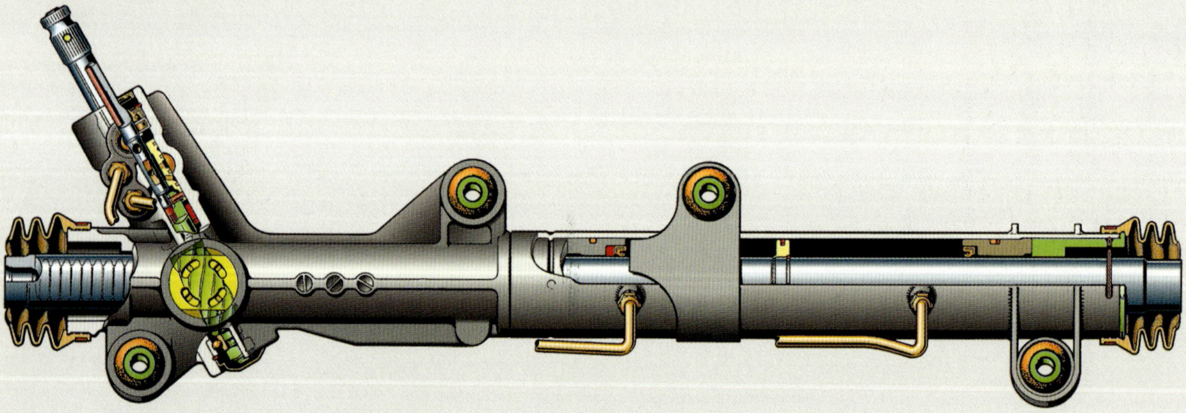

Gummibälge statt Stahlfedern

Die Radführung an der Hinterachse erfolgt über eine Einzelradaufhängung an Schräglenkern, deren Position per Computer berechnet wurde. Die eigentliche Besonderheit der Hinterachse sind aber zwei Gummibälge, die dort anstelle von Stahlfedern und Stoßdämpfern ihren Platz finden. Im Klartext: Die Großraum-Limousine besitzt eine aufwendige Luftfederung, die Mercedes-Benz serienmäßig anbietet. Das System ist leicht an den markanten Gummibälgen zwischen den beiden Schräglenkern der Hinterachse und der Karosserie zu erkennen. Diese Bälge ersetzen die Stahlfedern. Die für die Federung erforderliche Druckluft erzeugt ein elektrisch angetriebener Kompressor, der unter dem Fahrzeugboden seinen Platz findet und unabhängig vom Motor der V-Klasse arbeitet. Der Kompressor ist über separate Leitungen mit den beiden Gummibälgen verbunden, so daß für jede Seite eine individuelle Regelung möglich ist.

Luft statt Stahl – dieses Hinterachsprinzip der V-Klasse ermöglicht weitere Fortschritte auf dem Gebiet der Fahrsicherheit und des Fahrkomforts. Beispielsweise bei ungleichmäßiger Beladung: Sensoren auf jeder Seite der Hinterachse ermitteln in diesem Fall automatisch die jeweilige Niveaulage und geben diese Informationen an einen Mikrocomputer weiter. Der vergleicht die Meßdaten mit gespeicherten Sollwerten und entscheidet, ob und wann die Einstellung der beiden Luftfederbälge korrigiert werden muß. So sorgt die Luftfederung dafür, daß die Großraum-Limousine trotz ungleichmäßiger Beladung nicht einseitig zu stark einfedert.

Niveauausgleich schon beim Einsteigen

Die automatische Sensorkontrolle und der elektronische Daten-Check durch den Computer der Luftfederung funktioniert aber nicht nur bei Beladung, sondern vor allem auch bei Kurvenfahrt und trägt somit nachhaltig zur Verbesserung der Fahrstabilität bei. Mit anderen Worten: Die Luftfederung fungiert zugleich als Stabilisator und macht den Einbau solcher Achsbauteile überflüssig.

Der Druckluftkompressor ist darüber hinaus auch für die Dämpfungsregelung zuständig. Steigt der Druck in den Federbälgen, erhöht sich kontinuierlich auch die Wirkung der Stoßdämpfer. Bei geringer Belastung bleibt die Dämpfung zunächst schwach und steigt dann mit zunehmender Beladung kontinuierlich an. Damit ist die Hinterachse der V-Klasse herkömmlichen Stahlfederungen weit überlegen. Denn: Die Luftfederung reagiert aktiv auf den jeweiligen Belastungszustand und paßt die Feder-/Dämpfereinstellung dementsprechend an. Das macht sich durch höhere Fahrsicherheit und besseren Fahrkomfort bemerkbar.

Technik-Info Luftfederung: Feder- und Dämpfereinstellung während der Fahrt

Die V-Klasse von Mercedes-Benz ist Europas einzige Großraum-Limousine mit serienmäßiger Luftfederung an der Hinterachse. Bei diesem innovativen System kommen anstelle von Stahlfedern spezielle Luftfederbälge zum Einsatz, die über einen elektrischen Kompressor mit Druckluft versorgt werden. Der Kompressor befindet sich unter dem Fahrzeugboden im Bereich des Fahrersitzes. Über einen Ventilblock wird jedem Luftfederbalg die Druckluft durch eine eigene Leitung zugeführt. Das System verfügt über eine elektronische Regelung: Sensoren ermitteln stets die jeweilige Niveaulage und geben die Daten an einen Rechner weiter, der wiederum festlegt, wann nachgeregelt werden muß. Weil jeder Federbalg einzeln angesteuert werden kann, erfolgt die Regelung für jede Fahrzeugseite individuell. Auf diese Weise läßt sich beispielsweise auch eine links und rechts unterschiedliche Beladung ausbalancieren.

An der Zuleitung zu jedem Luftfederbalg befindet sich eine Abzweigung zum Stoßdämpfer, der über ein Ventil zur Dämpfungsregelung verfügt. Mit steigendem Druck im Federbalg erhöht sich auch der Druck im Stoßdämpfer. Dies bedeutet bei niedriger Belastung schwache Dämpfung, bei hoher Belastung starke Dämpfung. Im Gegensatz zur Stahlfeder reagiert das System damit aktiv auf den jeweiligen Belastungszustand. Auch die Türkontakte sind in das System eingebunden: Sobald eine Tür geöffnet wird, ist die Regelung bereits beim stehenden Fahrzeug aktiv. Eine Niveauregulierung erfolgt deshalb schon beim Einsteigen oder Beladen. An der Instrumententafel befindet sich ein Serviceschalter, mit dem der Autofahrer die automatische Niveauregulierung abschalten kann. Dies ist beispielsweise beim Reifenwechsel erforderlich.

Weil die Luftfederung unabhängig vom Motor arbeitet, sind Sensoren und Druckluftkompressor auch im Stand aktiv. Sobald eine der Türen geöffnet wird, schaltet sich das System ein, so daß die Niveauregulierung der Karosserie bereits beim Einsteigen oder beim Beladen der V-Klasse erfolgt. Noch besser: Mittels Luftfederung läßt sich auch das Ein- und Aussteigen oder das Be- und Entladen wesentlich erleichtern. Eine Sonderausstattung für die Großraum-Limousine macht's möglich: Per Knopfdruck an der Instrumententafel oder an der rechten Innenverkleidung des Kofferraums senkt das System bei geöffneter Heckklappe oder Schiebetür die Standhöhe der Karosserie ab – um bis zu fünf Zentimeter.

Bremsanlage mit Computer

Auch bei der Konzeption der Bremsanlage für die V-Klasse griffen die Mercedes-Ingenieure auf die derzeit beste und modernste Technologie zurück. An Vorder- und Hinterachse setzen sie leistungsfähige Faustsattel-Scheibenbremsen ein, die ein Garant für hohe Zuverlässigkeit und kurze Bremswege sind. Der Durchmesser der vorderen innenbelüfteten Bremsscheiben mißt 276 Millimeter, während an der Hinterachse massive Bremsscheiben mit 280 Millimeter Durchmesser zum Einsatz kommen. Die Feststellbremse der V-Klasse läßt sich per Pedal betätigen und wirkt auf die Hinterräder.

Ladehilfe:
Mittels Knopfdruck an der Innenverkleidung des Kofferraums läßt sich die Standhöhe der Karosserie absenken.

Praxis-Tip

Reifen-Check alle zwei Wochen

Vom richtigen Reifenluftdruck hängt viel ab: Fahrsicherheit, Kraftstoffverbrauch, Komfort und Reifenlebensdauer. Deshalb ist es wichtig, den Luftdruck aller Reifen (auch beim Ersatzreifen) regelmäßig - etwa alle zwei Wochen - zu überprüfen. Dieser Sicherheits-Check ist wichtig, denn nach Erkenntnissen von Unfallforschern sind in Deutschland fast 60 Prozent aller Personenwagen mit falschem Reifenluftdruck unterwegs. Das kann Folgen haben: Bei zu geringem Luftdruck in den Pneus wird die Lenkung unpräzise, Spurtreue, Kurven- und Bremsverhalten verschlechtern sich. Aber auch zu hoher Luftdruck hat Nachteile: Das Auto verliert an Fahrkomfort und fängt auf unebenen Straßen an zu springen. Die nachfolgende Tabelle hilft, je nach Beladungszustand den richtigen Reifenluftdruck einzustellen.

Zur regelmäßigen Reifenkontrolle gehört es außerdem, auf die Profiltiefe und auf Beschädigungen der Pneus und der Räder zu achten. Bei einer Profiltiefe von weniger als drei Millimetern wird's bei Nässe kritisch. Dann beginnt die Haftung der Reifen stark nachzulassen. Steine oder andere Gegenstände, die sich im Profil festgesetzt haben, müssen entfernt werden. Beschädigungen an den Felgen können gefährlich werden, weil dadurch oft auch die Reifen in Mitleidenschaft gezogen werden und sich schlimmstenfalls sogar Risse im Reifengewebe bilden können. Deshalb auf Nummer Sicher gehen und beschädigte oder verbeulte Felgen in der Mercedes-Werkstatt austauschen lassen.

Luftdrucktabelle

Reifengröße	Vorderachse leer	Hinterachse leer	Vorderachse beladen	Hinterachse beladen
195/70 R 15	2,8	2,8	3,3	3,3
215/65 R 15	2,5	2,5	2,8	2,8

Auch das serienmäßige Antiblockiersystem (ABS) entspricht dem neuesten Stand der Technik. Die Ingenieure nennen es „ABS 5“ und bezeichnen damit die fünfte Generation dieses Meilensteins der Automobiltechnik, den Mercedes-Benz 1970 als weltweit erster Automobilhersteller der Öffentlichkeit vorstellte. Die neueste ABS-Version, die in der V-Klasse serienmäßig zum Einsatz kommt, spricht noch feinfühliger auf unterschiedliche Reibwerte zwischen dem linken und dem rechten Räderpaar an, so daß die Fachleute mit „ABS 5“ ein noch ausgewogeneres Brems- und Lenkverhalten erzielen.

Technik-Info Zuladungskapazität: Maximal 630 Kilogramm für Passagiere und Gepäck

Die Konzeption und Auslegung des Fahrwerks der Mercedes-Benz V-Klasse entspricht den vielseitigen Möglichkeiten bei der Nutzung dieses Automobils. Dank optimaler Fahrwerksabstimmung, elektronischem Niveauausgleich mittels Luftfederung und tragfähigen Stahlgürtelreifen lassen sich Personen und Gepäck mit einem Gesamtgewicht von bis zu 630 Kilogramm transportieren.

Das Leergewicht der Großraum-Limousine, das Mercedes-Benz nach der EU-Richtlinie 92/21/EWG ermittelt, beinhaltet alle Flüssigkeiten des Fahrzeugs, das Bordwerkzeug, das Ersatzrad, 90 Prozent des Tankinhalts sowie 75 Kilogramm für den Fahrer.

Kofferraum: Selbst wenn sechs oder sieben Passagiere auf die Reise gehen, steht im Fond der V-Klasse ein geräumiges Gepäckabteil zur Verfügung.

Gewichte, Zuladungskapazität und Anhängelasten

	V 230	V 230 Turbodiesel
Leergewicht	2 000	2 015
Zuladung	630	615
zulässiges Gesamtgewicht*	2 630	2 630
Dachlast	100	100
Anhängelast gebremst	2 000	2 000
Anhängelast ungebremst	750	750

Angaben in kg nach 92/21/EWG
*Bei Ausstattung mit sieben Einzelsitzen beträgt das zul. Gesamtgewicht 2 700 Kilogramm.

Elektronisch wird in der V-Klasse auch die Verteilung der Bremskraft geregelt. EBV (Elektronische Bremskraftverteilung) lautet die Abkürzung für dieses innovative System, das automatisch bei jedem Bremsvorgang die Geschwindigkeiten der Räder an Vorder- und Hinterachse vergleicht. Wenn Schlupf droht, schließt das System die Druckeinlaßventile beider Hinterräder und verhindert auf diese Weise, daß sich der Bremsdruck noch weiter erhöht.

Traktionssystem für noch mehr Fahrstabilität

Das Antiblockiersystem ist ein wichtiges Detail der Sicherheitsausstattung der V-Klasse und schafft zugleich die Voraussetzungen für den Einsatz des ebenfalls serienmäßigen elektronischen Traktionssystems ETS (Electronic Traction Support). ETS nutzt die Sensorik und Hydraulik des ABS-Systems, um das Anfahren auf rutschigem Untergrund durch kurzzeitige Bremseneingriffe an einem der Antriebsräder zu verbessern. Die Anfahrhilfe arbeitet normalerweise zwischen 0 und 40 km/h. Bei besonders kritischen Fahrbahnverhältnissen wird die ETS-Regelung bis Tempo 80 fortgeführt. Eine Warnleuchte im Cockpit signalisiert dem Autofahrer, wenn die Vorderräder nicht sicher greifen und er mit seinem Wagen in den fahrphysikalischen Grenzbereich vorgedrungen ist. In diesem Fall heißt es: „Langsam fahren und besonders behutsam Gas geben."

Vom laufenden Band

Die V-Klasse ist der erste Mercedes-Personenwagen, der außerhalb Deutschlands hergestellt wird. Er stammt aus dem spanischen Vitoria, wo täglich bis zu 370 Großraum-Limousinen zur Auslieferung bereitstehen.

21

Mit der Aussprache hapert es mitunter noch etwas. Trotzdem sind Spätzle und Maultaschen in der nordspanischen Provinzstadt Vitoria bekannte Genüsse. Die meisten der Facharbeiter im Montagewerk von „Mercedes-Benz España S.A." lernten die Gaumenfreuden in Untertürkheim und Sindelfingen kennen. Dort absolvierten die Produktionsprofis ein hartes Trainingsprogramm zur Qualitätssicherung. Wenngleich die Mannen aus dem Land der berühmten Mützen jetzt wieder heimische Paella und Tapas essen, garantieren sie Qualität „Made by Mercedes-Benz" auch jenseits der Pyrenäen. Deshalb ist Vitoria eine gute Adresse. Bekannt bei königlichen Hoheiten, Spitzenpolitikern und Automobilbau-Spezialisten. Sie studieren bei ihren Besuchen im spanischen Baskenland modernsten und umweltfreundlichsten Fahrzeugbau „live" am Beispiel der neuen V-Klasse von Mercedes-Benz, die hier produziert wird.

Nach den Erfahrungen aus Sindelfingen verordneten die Autobauer dem Werk Vitoria vor dem Produktionsstart der neuen Großraum-Limousine eine gründliche Modernisierungskur. Sie ersetzten alte Fertigungsanlagen, erweiterten ganze Hallenkomplexe und krempelten alle Arbeitsabläufe um. Kostenpunkt: etwa 700 Millionen Mark. Auf rund 350 000 Quadratmeter Gesamtfläche stehen jetzt nicht nur ein leistungsfähiges Logistikzentrum, sondern auch völlig neue Montagelinien nach dem aktuellen Stand der Technik.

Kaum noch Sprühnebel in der Lackiererei

Einer der Anziehungspunkte für Laien und Fachbesucher ist vor allem das Lackierwerk, wo überwiegend sogenannte Wasserlacke verarbeitet werden. Sie enthalten nur ein Fünftel der üblichen chemischen Lösungsmittel. Bei dem zukunftsweisenden Verfahren wird es nach der Grundierung richtig spannend – besser gesagt: hochspannend. Denn mehrere tausend Volt laden die Farbtröpfchen in den rotierenden Düsen der frei programmierbaren Lackierautomaten positiv auf, während die Karosserie als anziehender Minuspol wirkt. Wie auf Leitstrahlen folgen die fein zerstäubten Lackteilchen den Kraftlinien des elektromagnetischen Feldes. Jeder Farbstoß wird zum Treffer, und verpuffender Sprühnebel, der sogenannte Overspray, wird auf ein Minimum reduziert. Der Computer errechnet zugleich auch in beliebiger Reihenfolge hintereinander den richtigen Mix aus den Farbwünschen der Kunden und unterscheidet mühelos zwischen Uni- und Metallic-Lackierungen. Die Automaten garantieren gleichmäßige Qualität bei hohem Arbeitstempo. Für Techniker heißt das Zauberwort „Auftragungswirkungsgrad". Der liegt für die Außenflächen der Rohkarosserien etwa dreimal höher als bei bester Handarbeit. Doch trotz aller Automatisierung sind bei der Innenlackierung der Karosserien auch weiterhin Menschen unverzichtbar. Automaten schaffen die komplizierten, unterschiedlichen Drehbewegungen

Lackierung:
Elektrostatische Düsen verteilen den Lack gleichmäßig über die Karosserie.

Rohbau:
Die Seitenwand der Großraum-Limousine besteht aus einem Stück.

Perfektion:
Roboter fügen die Blechteile millimetergenau zusammen.

Technik-Info Wasserlack: Saubere Lösung

„Wasserlacke“ haben nichts mit den Wasserfarben aus dem Malkasten gemeinsam. „Wasserlöslich“ bedeutet auch keineswegs, daß die farbige Schutzschicht von kräftigen Regengüssen abgespült wird. Selbst die technisch genauere Bezeichnung „Wasser-Basislacke“ ist noch irreführend, denn die Lacke bestehen nicht aus Wasser, sondern aus Farbstoffen. Dennoch ist das flüssige Naß im Spiel. Als wichtiger Helfer. Bis zur Verarbeitung muß die Karosserie-Schutzschicht möglichst dünnflüssig gehalten werden. Bei konventionellen Lacken übernehmen chemische Zusätze wie Ester, Aromaten und Alkohol diese Aufgabe. Die Farbpartikel werden in einer Flüssigkeit „gelöst“ und bleiben so bis zur Spritzdüse beweglich und klumpenfrei. Rund drei Viertel der Menge eines herkömmlichen Lackes besteht, neben den Farbpigmenten selbst, aus diesen chemischen Lösungsmitteln, wie Fachleute die Fließhelfer nennen. Bei Wasserlacken ist das anders. Die chemischen Verdünner werden zu rund 80 Prozent durch normales Wasser ersetzt. Das erfüllt den gleichen Zweck, bietet aber zusätzlich deutliche Umweltvorteile: Die Emissionen pro Fahrzeug verringern sich um drei bis vier Kilogramm.

Vergleich: Deutliche Emissionsverringerung durch Wasserlacktechnik

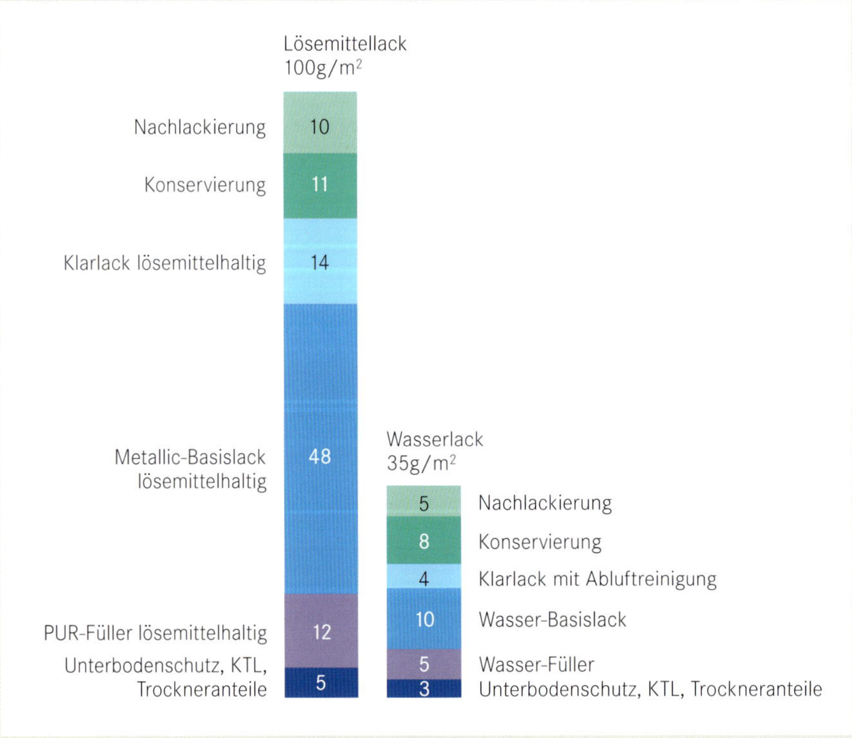

nicht. Entweder sie sind zu langsam oder zu groß für eine automatische Lackierstraße.

Daß die Mercedes-Modelle in Vitoria nach modernsten Verfahren lackiert werden, haben inzwischen auch schon die Postbeamten der Region bemerkt. Sie wundern sich schon längst nicht mehr über die merkwürdigen Paketsendungen, die sie regelmäßig in das Automobilwerk bringen müssen. Die Transportschachteln sind luftig-leicht, die stabile Schutzverpackung wiegt meist schwerer als der Inhalt. Doch darin sind keine winzigen Elektronikbausteine oder andere leichtgewichtige High-Tech-Produkte. Dennoch ist die Warensendung unverzichtbar für die Produktion der neuen V-Klasse. Der Inhalt: Straußenfedern. Sie gewährleisten buchstäblich glänzende Ergebnisse in der hochmodernen Lackiererei. Der Grund: Die Wasserlacke sind zwar besonders umweltschonend, erfordern allerdings gegenüber herkömmlichen Lacken eine höhere Verarbeitungssorgfalt. Ein Problem dabei ist der Staubschutz: Bei konventionellem Farbauftrag kann der Decklack direkt auf die feuchte Grundierung, den sogenannten Füller, gespritzt werden. Lacke auf Wasserbasis müssen dagegen zuvor in aufwendigen Trockner- und Kühlzonen völlig entfeuchtet werden. Mit der Warmluft dringen trotz aufwendiger Filter aber auch Staubteilchen und winzige Schwebstoffe auf die noch weiche Grundierung und wirken dort wie Nadelspitzen. Keine Maschine, keine Handarbeit kann diese Mikropartikel zurückhalten. Aber die Straußenfedern. Sie bürsten, wie die rotierenden Borsten einer Waschanlage, während des Trocknens die Partikel ohne Spuren und Schlieren weg. Dabei werden die Hohlräume der Federn elektrostatisch aufgeladen und wirken wie ein Magnet, der die Staubkörnchen zusätzlich anzieht. Merkwürdig dabei: Nur die Federn von Straußenhennen taugen für die ungewöhnliche Säuberungsaktion. Warum das Gefieder von männlichen Laufvögeln beim Entstauben versagt, konnten weder Ingenieure oder akademische Vogelkundler noch die australischen Züchter bislang erklären. Für die überdurchschnittliche Fertigungsqualität der neuen V-Klasse ist dieses Naturphänomen jedoch höchst willkommen.

Eigene Kläranlage im Werk

Umweltschutz nach deutschen Mercedes-Standards gehört auch in Spanien zum Pflichtprogramm. Dieser Anspruch wird einerseits durch den deutlich reduzierten Sprühnebel – pro Fahrzeug fallen bis zu 1,5 Kilogramm weniger Lackabfälle an – und andererseits durch einen optimalen Recyclingkreislauf gewährleistet. Unter den stabilen Laufgittern der Lackierstraße strömen gewaltige Sturzbäche durch den Boden und schwemmen eine trübe, zähe Schmutzbrühe fort. Die darin enthaltenen chemischen Lackkomponenten werden mehrfach wiederaufbereitet und anschließend wiederverwendet. Was dann noch übrigbleibt, durchläuft eine Kläranlage.

Teamwork:
Den Einbau von Front- und Heckscheibe (oben) übernehmen Roboter, während beim Zusammenbau von Karosserie und Motor (unten) menschliches Können gefragt ist.

Mensch und Maschine als Partner

Wie in der Lackiererei gilt auch beim Karosserie-Rohbau das Prinzip: Einsatz von Robotern, wo sie wirtschaftlich und präziser arbeiten, aber menschliches Können dort, wo Facharbeiter zur Qualitätssicherung nach wie vor unverzichtbar sind. Rund 90 meist mehrarmige Robotor setzen etwa 80 Prozent aller Schweißpunkte an den zuvor per Hand gehefteten Seiten- und Bodenblechen der V-Klasse. Stets mit gleicher Präzision und Qualität. Danach geht's automatisch weiter. Aber nur bis zum Kontrollpunkt „B 7". Dort wird ein Datenträger ins vordere Radhaus geheftet. Die Datensammlung sieht aus wie ein großes Katzenauge und wird ständig von einem Lichtstrahl abgetastet, der alle Angaben über bestellte Modellvarianten und Ausstattungsdetails liest. Dahinter steckt ein aufwendiges Steuerungs- und Logistiksystem, das dafür sorgt, daß die richtigen Teile automatisch an die richtige Stelle der Montagelinie gelangen. Dieses Verfahren ist eine der Voraussetzungen für hohe Produktionszahlen und bestmögliche Effizienz. Nach Abschluß aller noch laufenden Modernisierungsmaßnahmen und Einführung des geplanten Dreischichtbetriebs können in Vitoria täglich bis zu 370 Großraum-Limousinen ausgeliefert werden.

Mehr Verantwortung – mehr Qualität

Wie gesagt: Trotz ausgereifter Automatisation sind Können und Erfahrung qualifizierter Facharbeiter nicht überflüssig. Das sieht man auch am Kontrollpunkt „B 9“. Hier ziehen Arbeiter stichprobenartig einzelne Karosserien der V-Klasse aus dem Produktionsverkehr vom Band und überprüfen sie in einer hochmodernen 3-D-Meßstation. Gesamtgeometrie und Spaltmaße müssen ebenso stimmen wie die Paßgenauigkeit aller Teile. Ist dies ausnahmsweise einmal nicht der Fall, entscheiden die Facharbeiter vor Ort gemeinsam über Nachbesserungen – in eigener Verantwortung. Diese Kompetenz in kleinen Gremien ist ebenfalls neu im Werk Vitoria. Statt monotoner Fließbandarbeit ist Teamwork der Regelfall. Einzelne Baugruppen werden in einer sogenannten Boxenmontage von mehreren Arbeitern gemeinsam vormontiert und gleichzeitig auch kontrolliert. Bei den regelmäßigen Besprechungen der Teams kommen auch Verbesserungsvorschläge zur Debatte, die teils von hohem Kundennutzen sind. Jüngstes Beispiel: Eine Montagegruppe schlägt vor, Teile des Längsträgers im Vorderwagen nicht mehr zu schweißen, sondern zu verschrauben. Durch diese scheinbar kleine Änderung läßt sich in der Werkstatt eine Unfallreparatur wesentlich schneller und damit preiswerter ausführen. Die Idee, am Montageband in Spanien ausgetüftelt, wird derzeit von Fachingenieuren geprüft und soll in Kürze in die Serienproduktion einfließen.

Die Mitarbeiterinnen und Mitarbeiter des Werks Vitoria arbeiten, selbstverständlich in ständigem Dialog mit Kollegen in Untertürkheim und Sindelfingen, so selbständig wie möglich. Deshalb gibt es im Baskenland eigene Abteilungen für Materialeinkauf, für Konstruktion und Versuch. Rund 120 Zulieferer und Teilehersteller aus aller Welt arbeiten in einem engmaschigen Verbundnetz. Simultaneous Engineering (gleichzeitige Entwicklung) und Global Sourcing (weltweiter Materialeinkauf) sind keine Schlagwörter, sondern alltägliche Praxis.

Spätestens bei der Endkontrolle macht sich eine weitere wichtige Mercedes-Benz Investition bezahlt: die intensive Aus- und Weiterbildung für spanische Fertigungsmitarbeiter im Schwabenland. Dort lernten auch die Teams vom „Finish-Band“ alles über Qualitätsprüfung nach den weltweit anerkannten Kriterien von Mercedes-Benz. Mit Erfolg. Ohne aufwendige Funktionsprüfungen verläßt keine der neuen Großraum-Limousinen die Werkshallen. Das Testprogramm bei der Endkontrolle ist härter, als es die meisten Fahrzeuge später im Alltag treffen wird. Auf dem Rollenprüfstand werden beispielsweise Komfort, Sicherheit und Leistung bei über 130 km/h erprobt. Sicher ist sicher – ein schwäbischer Grundsatz, der auch im Baskenland gilt.

Auto-Check beim Tankstopp

Die regelmäßigen Tankstopps bieten Gelegenheit, dem eigenen Auto einmal kritisch aufs und unters Blechkleid zu schauen. Die nachfolgende Checkliste nennt die wichtigsten Prüfpunkte.

Check	Hinweis
Kraftstoffsorte	V 230: Grundsätzlich nur bleifreies Superbenzin mit 95 ROZ bzw. 85 MOZ tanken. Nur in Ausnahmefällen unverbleites Normalbenzin verwenden. V 230 TURBODIESEL: Grundsätzlich nur Fahrzeug-Dieselkraftstoffe nach DIN EN 590 tanken. Kraftstoffzusätze: siehe Betriebsanleitung „Technische Daten".
Scheiben	Gründlich reinigen. Bei starker Verschmutzung oder Schlierenbildung auf der Frontscheibe Mercedes-Fensterreinigungsmittel verwenden.
Außenspiegel	Gründlich reinigen. MB-Fensterreinigungsmittel verwenden.
Scheinwerfer	Für Reinigung nur weichen Lappen oder Schwamm benutzen. Nicht scheuern und nicht kratzen. Keine aggressiven Reinigungsmittel verwenden. Mercedes-Autoglasreiniger ist geeignet.
Heckleuchten	Mit weichem Schwamm oder Lappen reinigen. Nicht scheuern und keinen harten Insektenschwamm verwenden.
Reifen	Luftdruck alle zwei Wochen überprüfen (siehe auch Seite 141). Die Abnutzung des Reifenprofils regelmäßig kontrollieren und die Pneus je nach Verschleißzustand von vorn nach hinten (oder umgekehrt) umsetzen. Reifen mit weniger als zwei Millimeter Profiltiefe erneuern. Fehlende Staubschutzkappen am Reifenventil ersetzen.

Check	Hinweis
Motorraum	Kurze Sichtprüfung auf etwaige Undichtigkeiten an Öleinfülldeckel, Ölfilter, Zylinderkopfdeckel und Kurbelgehäuse. Kühlmittelschläuche und Dichtung des Verschlußdeckels am Kühler kontrollieren. Bei Defekten Mercedes-Werkstatt aufsuchen.
Motoröl	Vor der Ölstandkontrolle muß der betriebswarme Motor für rund fünf Minuten abgestellt werden. Deshalb: Erst tanken, dann Ölstand am Meßstab kontrollieren. Öl nur bis zur „Max“-Markierung nachfüllen und nur Qualitätsöle verwenden (siehe auch Seite 128).
Kühlmittel	Kühlmittelstand am Ausgleichsbehälter im Motorraum kontrollieren. Bei heißem Motor darf die Kontrollmarke um etwa 1,5 Zentimeter überschritten werden. Vorsicht beim Öffnen des Verschlußdeckels - Verbrühungsgefahr! Kaltes Kühlmittel nur einfüllen, wenn auch der Motor kalt ist. Nur Qualitätskühlmittel mit einem Anteil von 50 Volumenprozent Gefrierschutz nachfüllen. Das entspricht einem Gefrierschutz bis minus 37 Grad Celsius.
Sicherheitsgurte	Das Gurtband darf nicht verdreht oder beschädigt sein. Auf etwaige Scheuerstellen am oberen Umlenkpunkt und am Gurtschloß achten. Beschädigte Gurte oder schwergängige Aufrollautomaten austauschen lassen.

Lichtzeichen aus dem Cockpit

Wie alle Mercedes-Personenwagen ist auch die V-Klasse mit einer Reihe intelligenter Systeme ausgestattet, die den Autofahrer entlasten und die sich selbst überwachen. Etwaige Störungen werden sofort durch Warnlampen im Kombiinstrument angezeigt. Doch leuchtet eine der Kontrolleuchten während der Fahrt auf, besteht kein Grund zur Panik. Die wichtigsten elektronischen Steuergeräte haben Notfunktionen, die eine sichere Weiterfahrt bis zur nächsten Mercedes-Werkstatt gewährleisten. Trotzdem sollte man wissen, was die verschiedenen Kontroll- und Warnleuchten im Cockpit bedeuten und was zu tun ist, wenn eine der Störungslampen während der Fahrt aufleuchtet.

Störungshinweis während der Fahrt	Möglicher Grund	Was tun?
Kontrolleuchte „ETS“	Blinkt die gelbe Kontrolleuchte, ist das Elektronische Traktionssystem (ETS) aktiv, weil eines der Antriebsräder seine Haftgrenze erreicht hat.	1) Beim Anfahren möglichst wenig Gas geben. 2) Langsam fahren. Unfallrisiko!
Kontrolleuchte „SRS“	Das Airbag- und Sidebag-System ist gestört (SRS = Supplemental Restraint System).	Weiterfahrt ist möglich. Umgehend eine Mercedes-Werkstatt ansteuern!
Kontrolleuchte „Batterie“	Die Batterie wird nicht mehr geladen. Mögliche Ursachen: Defekter Generator oder gerissener Keilrippenriemen.	Sofort anhalten und den Keilrippenriemen überprüfen. Ist er gerissen, nicht weiterfahren. Ist der Keilriemen o.k., umgehend nächste Mercedes-Werkstatt ansteuern!
Kontrolleuchte „ABS“	1) ABS hat sich abgeschaltet, weil der Drehzahlunterschied zwischen Vorder- und Hinterrädern auf glatter Fahrbahn zu groß ist. 2) Nach einer automatischen ABS-Abschaltung bleibt der Fehler gespeichert, und die Kontrollampe	1) Weiterfahrt ist möglich. Die Bremse funktioniert trotzdem. Vorsicht: Auch die Traktionssysteme ETS/ASR arbeiten jetzt nicht mehr! 2) Weiterfahrt ist möglich. Die Kontrollampe muß nach dem nächsten Motorstart erlöschen.

Störungshinweis während der Fahrt	Möglicher Grund	Was tun?
	leuchtet weiterhin auf. Beim nächsten Motorstart wird die Fehlermeldung gelöscht. 3) ABS hat sich abgeschaltet, weil die elektrische Bordspannung auf weniger als zehn Volt abgesunken ist. 4) ABS hat sich abgeschaltet, weil das System defekt ist.	3) Weiterfahrt ist möglich. Die Bremse funktioniert trotzdem. Eventuell Generator und Batterie überprüfen. Bei höherer Bordspannung schaltet sich ABS wieder ein. 4) Weiterfahrt ist möglich. Die Bremse funktioniert trotzdem. Baldmöglichst eine Mercedes-Werkstatt aufsuchen.
Kontrolleuchte „Kühlmittel"	Der Kühlmittelstand ist zu niedrig.	Umgehend Kühlmittel nachfüllen, da sonst eine Überhitzung des Motors droht (siehe auch Seite 153). Bei häufigem Kühlmittelverlust liegt eine Undichtigkeit vor.
Kontrolleuchte „Scheibenwaschanlage"	Der Wasserstand ist auf etwa ein Drittel des Behältervolumens abgesunken.	Weiterfahrt ist möglich. Scheibenwaschmittel beim nächsten Tankstopp nachfüllen.
Kontrolleuchte „Motorölstand"	Der Motorölstand ist unter die untere Markierung des Meßstabes abgesunken.	Weiterfahrt bis zur nächsten Tankstelle möglich. Motoröl nachfüllen. Motor auf etwaige Undichtigkeiten überprüfen.
Kontrolleuchte „Bremse"	1) Die Bremsbeläge sind abgenutzt. 2) Der Bremsflüssigkeitsstand ist zu niedrig.	1) Weiterfahrt ist möglich. Bald eine Mercedes-Werkstatt ansteuern. 2) Sofort anhalten und eine Mercedes-Werkstatt benachrichtigen. Keine Bremsflüssigkeit nachfüllen. Vorsicht: Totalausfall der Bremsanlage ist möglich.
Kontrolleuchte „Kraftstoffreserve"	Im Kraftstoffbehälter befinden sich nur noch etwa neun Liter Kraftstoff.	Nächstgelegene Tankstelle ansteuern.
Kontrolleuchte „Wegfahrsperre" bzw. „Vorglühen" (V 230 TURBODIESEL)	Die elektronische Wegfahrsperre ist gestört. Der Motor kann nicht gestartet werden.	Nächstgelegene Mercedes-Werkstatt oder eine der Notdienst-Zentralen informieren (siehe auch Seite 157).

Störungshinweis während der Fahrt	Möglicher Grund	Was tun?
Kontrolleuchte „Luftfederung"	Leuchtet die Lampe während der Fahrt dauernd auf, liegt ein Defekt in der Steuerung der Luftfederung oder der elektronischen Niveauregulierung vor.	Weiterfahrt ist möglich. Baldmöglichst eine Mercedes-Werkstatt aufsuchen.
Kontrolleuchte „Automatikgetriebe"	1) Blinkt die Kontrolleuchte während der Fahrt, ist die Temperatur des Getriebeöls zu hoch. Das Steuergerät des Automatikgetriebes ist gestört. 2) Leuchtet die Lampe während der Fahrt dauernd auf, liegt eine Funktionsstörung in der Getriebeelektronik vor.	1) Von Hand in einen niedrigeren Gang zurückschalten oder die Fahrt unterbrechen, bis das Getriebe wieder abgekühlt ist. 2) Weiterfahrt ist möglich. Die Schaltstufen können von Hand eingelegt werden. Fehler in der nächstgelegenen Mercedes-Werkstatt beheben lassen.
Kontrolleuchte „Glühlampenausfall"	1) Leuchtet die Lampe beim Einschalten von Standlicht, Abblendlicht, Schlußlicht, Nebelschlußleuchte oder beim Tritt aufs Bremspedal auf, ist eine dieser Glühlampen defekt. 2) Leuchtet die Lampe beim Einschalten von Stand- oder Abblendlicht auf, kann auch eine der Sicherungen defekt sein.	1) Defekte Glühlampe baldmöglichst erneuern. 2) Sicherungen überprüfen und defekte Sicherung ersetzen.

Bei Anruf Hilfe

Mercedes-Benz ist immer für Sie da – im In- und Ausland. Auch nach Feierabend, am Wochenende oder an Feiertagen. Anruf genügt. Die Notdienst-Leitstellen sind rund um die Uhr besetzt und organisieren im Falle einer Fahrzeugpanne schnelle Hilfe.

Bitte machen Sie bei Ihrem Anruf auf jeden Fall folgende Angaben:
- Derzeitiger Standort Ihres Fahrzeugs
- Festgestellter Schaden
- Fahrgestellnummer Ihres Fahrzeugs
- Ihre derzeitige Telefonnummer für etwaige Rückfragen

Land	Telefonnummer im Inland	Telefonnummer vom Ausland
Belgien	02/7 20 05 13	Landesvorwahl + 2/7 20 05 13
Dänemark	48 22 55 55	Landesvorwahl + 48 22 55 55
Deutschland	01 30/50 05	Landesvorwahl + 7 11/54 11 54
Finnland	94 00/42 09 35	Landesvorwahl + 4 00/42 09 35
Frankreich	05 24 24 30	Landesvorwahl + 88 72 00 94
Griechenland	tagsüber: 01/3 47 11 37 nachts: 0 94/35 47 00	tagsüber: Landesvorwahl + 1/3 47 11 37 nachts: Landesvorwahl + 94 35 47 00
Großbritannien	08 00 80 06 44	Landesvorwahl + 19 08/24 59 99
Italien	16 78/6 10 63	Landesvorwahl + 6/41 89 83 33
Irland	18 00 20 32 03	Landesvorwahl Großbr. + 19 22/64 77 44
Luxemburg	4 42 12 12 00	Landesvorwahl + 4 42 12 12 00
Niederlande	0 30/241 41 11	Landesvorwahl + 30/241 41 11
Norwegen	67 90 83 00	Landesvorwahl + 67 90 83 00
Österreich	00 49/7 11/54 11 54	00 49/7 11/54 11 54
Portugal	tagsüber: 01/9 15 09 65 nachts: 9 36 45 25 89	tagsüber: Landesvorwahl + 1/9 15 09 65 nachts: Landesvorwahl + 9 36 45 25 89
Schweden	0 20/79 00 01	Landesvorwahl + 7 71/79 00 01
Schweiz	1 55 22 22	Landesvorwahl + 1/4 44 92 01
Spanien	9 00/26 88 88	Landesvorwahl + 49/26 88 88
Ungarn	06/20 43 69 33	Landesvorwahl + 20 43 69 33

Sprechen Sie deutsch?

Deutsch	Englisch
Vokabeln	
Tankstelle	petrol station
Benzin/Diesel	petrol/diesel
Motoröl	engine oil
Wasser	water
Ölwechsel	oil change
Reifenpanne	puncture
Pannendienst	breakdown service
Motor	engine
Reifen	wheel, tyre
Bremse	brake
Scheinwerfer	head lamp
Bremslicht	stop lamp
Rücklicht	rear light, tail light
Glühlampe	bulb
Scheibenwischer	wiper

Französisch	Italienisch	Spanisch
la station service	il distributore di benzina	la estación de servicio
l'essence/le gasoil	la benzina/il gasolio	la gasolina/el gasòleo
l'huile moteur	l'olio motore	el aceite
l'eau	l'acqua	el agua
la vidange	cambio dell'olio	cambio de aceite
la panne de pneu	una gomma forata	una rueda pinchada
le service de dépannage	soccorso stradale	servicio de ayuda
le moteur	il motore	el motor
le pneu	il pneumatico	el neumàtico, la rueda
le frein	il freno	el freno
le phare	il faro	el faro
le feu stop	la luce di arresto	la luz de frenado
le feu arrière	il fanale posteriore	la luz trasera
l'ampoule	la lampadina	la bombilla
l'essuie-glace	il tergicristalli	el limpiaparabrisas

Deutsch	Englisch
Redewendungen	
Ich habe eine Panne/ Reifenpanne.	My car has broken down. I have got a puncture.
Ich habe kein Benzin mehr.	My car has run out of petrol.
Mein Wagen springt nicht an.	My car doesn't start.
Wo ist die nächste Auto-Werkstatt?	Where is the nearest garage?
Bitte schicken Sie mir einen Pannendienst.	Please, send me the breakdown service.
Können Sie mich abschleppen?	Can you give me a tow?
Bitte schicken Sie mir einen Abschleppwagen.	Please, send me a break-down lorry/tow truck.
Bitte verständigen Sie die nächste Mercedes-Werkstatt.	Please, inform the nearest Mercedes garage.
Bitte volltanken - bleifreies Superbenzin.	Fill up the tank, please - unleaded premium.
Bitte geben Sie mir zehn zwanzig dreißig Liter Benzin.	Give me ten twenty thirty litres of petrol, please.
Bitte prüfen Sie den Ölstand.	Please, check the oil level.
Bitte prüfen Sie den Reifenluftdruck.	Please, check the tyre pressure.

Französisch	Italienisch	Spanisch
Je suis en panne. J'ai un pneu crevé.	Ho un guasto. Ho una gomma forata.	Tengo una avería. Tengo una rueda pinchada.
Je n'ai plus d'essence.	Non ho più benzina.	Me he quedado sin gasolina.
Ma voiture ne démarre pas.	La mia macchina non parte.	Mi coche no arranca.
Ou se trouve le garage plus proche?	Scusi, dov'è l'officina qui vicino?	Perdón, ¿ hay algun taller por aqui cerca?
Veuillez m'envoyer le service de dépannage.	Mi mandi il soccorso stradale, per favore.	Por favor, envíeme el servicio de ayuda al automovilista.
Pouvez-vouz me dépanner?	Può aiutarmi?	¿ Puede usted sacarme de apuros?
Veuillez m'envoyer une dépannense.	Mi mandi per favore il carro attrezzi.	Por favor, envíeme un coche grúa.
Veuillez informer le garage Mercedes le plus proche.	Informi la prossima officina di Mercedes, per favore.	Informe a próximo taller de Mercedes, por favor.
Le plein de super sans plomb, s'il vous plaît.	Mi fa il pieno, per favore – super benzina senza piombo.	Tende el depósito, por favor – de gasolina super sin plomo.
Mettez-moi dix vingt trente litres d'essence, s'il vous plaît.	Mi metta dieci venti trenta litri di benzina, per favore.	Póngame diez veinte treinta litros de gasolina, por favor.
Veuillez vérifier le niveau d'huile.	Controlli il livello dell'olio, per favore.	Mire el nivel del aceite, por favor.
Pourriez-vous, s'il vous plaît, contrôler la pression des pneus.	Controlli la pressione delle gomme, per favore.	Mire la presión de los neumáticos, por favor.

Mercedes-Benz V 230*

Motor

Zylinderzahl/-anordnung		4/Reihe, 4 Ventile pro Zylinder	
Hubraum	cm^3	2 295	
Bohrung x Hub	mm	90,9 x 88,4	
Nennleistung	kW (PS)	105/143 bei 5 500/min	
Nenndrehmoment	Nm	210 bei 4 000/min	
Verdichtungsverhältnis	ε	8,8	
Gemischaufbereitung		P-Motronic	

Kraftübertragung

Kupplung		Einscheiben-Trockenkupplung	
Getriebe		5-Gang-Schaltgetriebe	4-Gang-Automatik
Übersetzungen	Achsantrieb	4,412	4,428
	1. Gang	3,769	2,718
	2. Gang	2,250	1,481
	3. Gang	1,375	1,000
	4. Gang	0,973	0,720
	5. Gang	0,721	-
	Rückwärtsg.	3,570	2,568

Fahrwerk

Vorderachse	Einzelradaufhängung McPherson-Federbein mit Dreiecklenker
Hinterachse	Einzelradaufhängung an Schräglenkern Luftfederung
Bremsanlage	2-Kreis-Hydraulik mit Bremskraftverstärker, Scheibenbremsen vorn und hinten, vorne innenbelüftet, ABS mit elektronischer Bremskraftverteilung (EBV), Fußfeststellbremse
Lenkung	Zahnstangenlenkung mit Servounterstützung
Reifen	195/70 R 15 C

Maße und Gewichte

Radstand	mm	3 000
Spurweite vorn/hinten	mm	1 620/1 630
Gesamt - Länge	mm	4 659
Gesamt - Breite	mm	1 880
Gesamt - Höhe	mm	1 844
Wendekreis	m	12,4
Kofferraumvolumen max.**	l	4 564
Gewicht fahrfertig nach EG	kg	2 000
Nutzlast	kg	630
Zulässiges Gesamtgewicht	kg	2 630
Dachlast	kg	100
Tankinhalt/davon Reserve	l	78/9

Fahrleistungen

		5-Gang-Schaltgetriebe	4-Gang-Automatik
Beschleunigung 0 - 100 km/h	s	14,5	13,6
Höchstgeschwindigkeit	km/h	174	171
Kraftstoffverbrauch innerorts	l/100 km	16,5	15,6
außerorts	l/100 km	8,7	9,4
NEFZ ges.	l/100 km	11,6	11,7
Kraftstoffart		Super	Super

*vorläufige Angaben
**bei dachhoher Beladung des gesamten Fondbereichs, kein Sitzplatz im Fondbereich

Mercedes-Benz V 230 TURBODIESEL*

Motor

Zylinderzahl/-anordnung		4/Reihe, 2 Ventile pro Zylinder
Hubraum	cm^3	2 299
Bohrung x Hub	mm	89,0 x 92,4
Nennleistung	kW (PS)	72/98 bei 3 800/min
Nenndrehmoment	Nm	230 bei 1 700-2 400/min
Verdichtungsverhältnis	ε	22,0
Gemischaufbereitung		Reiheneinspritzpumpe, Vorkammer-Schrägeinspritzung, Ladeluftkühlung

Kraftübertragung

Kupplung		Einscheiben-Trockenkupplung	
Getriebe		5-Gang-Schaltgetriebe	4-Gang-Automatik
Übersetzungen	Achsantrieb	4,412	3,976
	1. Gang	3,769	2,718
	2. Gang	2,251	1,481
	3. Gang	1,375	1,000
	4. Gang	0,929	0,720
	5. Gang	0,674	-
	Rückwärtsg.	3,570	2,568

Fahrwerk

Vorderachse	Einzelradaufhängung McPherson-Federbein mit Dreiecklenker
Hinterachse	Einzelradaufhängung an Schräglenkern Luftfederung
Bremsanlage	2-Kreis-Hydraulik mit Bremskraftverstärker, Scheibenbremsen vorn und hinten, vorne innenbelüftet, ABS mit elektronischer Bremskraftverteilung (EBV), Fußfeststellbremse
Lenkung	Zahnstangenlenkung mit Servounterstützung
Reifen	195/70 R 15 C

Maße und Gewichte

Radstand	mm	3 000
Spurweite vorn/hinten	mm	1 620/1 630
Gesamt - Länge	mm	4 659
Gesamt - Breite	mm	1 880
Gesamt - Höhe	mm	1 844
Wendekreis	m	12,4
Kofferraumvolumen max.**	l	4 564
Gewicht fahrfertig nach EC	kg	2 015
Nutzlast	kg	615
Zulässiges Gesamtgewicht	kg	2 630
Dachlast	kg	100
Tankinhalt/davon Reserve	l	78/9

Fahrleistungen

		5-Gang-Schaltgetriebe	4-Gang-Automatik
Beschleunigung 0-100 km/h	s	20,6	18,1
Höchstgeschwindigkeit	km/h	155	148
Kraftstoffverbrauch innerorts	l/100 km	12,1	12,2
außerorts	l/100 km	6,8	7,0
NEFZ ges.	l/100 km	8,8	8,8
Kraftstoffart		Dieselkraftstoff	Dieselkraftstoff

*vorläufige Angaben
**bei dachhoher Beladung des gesamten Fondbereichs, kein Sitzplatz im Fondbereich

Register

T

U

V

W

Z